Zur *cautio damni infecti*: Die Rückkehr eines römisch-rechtlichen
Rechtsinstituts in das moderne Zivilrecht

Rechtshistorische Reihe

Herausgegeben von den Prof. Dres.
G. Baranowski, H.-J. Becker, W. Brauneder, P. Caroni, A. Cordes,
J. Eckert †, C. Hattenhauer, H. Hattenhauer, R. Hoke, D. Klippel, G. Köbler,
G. Landwehr, G. Lingelbach, M. Lipp, R. Meyer-Pritzl, K. Muscheler, H. Nehlsen, P. Oestmann, G. Otte,
T. Repgen, S. Saar, K. O. Scherner, M. Schmoeckel, J. Schröder, R. Schröder,
W. Schubert, D. Schwab, T. Simon, E. Wadle, J. Weitzel, D. Willoweit

Band 392

Peter Lang
Frankfurt am Main · Berlin · Bern · Bruxelles · New York · Oxford · Wien

Christoph Salmen-Everinghoff

Zur *cautio damni infecti*: Die Rückkehr eines römisch-rechtlichen Rechtsinstituts in das moderne Zivilrecht

Peter Lang

Internationaler Verlag der Wissenschaften

Bibliografische Information der Deutschen Nationalbibliothek
Die Deutsche Nationalbibliothek verzeichnet diese Publikation in
der Deutschen Nationalbibliografie; detaillierte bibliografische
Daten sind im Internet über <http://www.d-nb.de> abrufbar.

Zugl.: Bielefeld, Univ., Diss., 2007

Die vorliegende Arbeit wurde von
Prof. Dr. Gerhard Otte
zur Aufnahme in die Reihe empfohlen.

Umschlagabbildung:
Justitia. Allegorie der Gerechtigkeit.
Druck aus dem 17. Jahrhundert.

D 361
ISSN 0344-290X
ISBN 978-3-631-58729-4

© Peter Lang GmbH
Internationaler Verlag der Wissenschaften
Frankfurt am Main 2009
Alle Rechte vorbehalten.

www.peterlang.de

Inhaltsverzeichnis

Abkürzungsverzeichnis

a. A.	abweichende Auffassung
aaO	am angegebenen Ort
ABGB	Allgemeines Bürgerliches Gesetzbuch (Österreich)
AcP	Archiv für die civilistische Praxis
ADHGB	Allgemeines Deutsches Handelsgesetzbuch
a. E.	am Ende
a. F.	alte Fassung
ALR	Allgemeines Landrecht (Preußen)
Anm.	Anmerkung
Art.	Artikel
AT	Allgemeiner Teil
Aufl.	Auflage
Bd.	Band
BT	Besonderer Teil
bzw.	beziehungsweise
cap.	capitulum (Kapitel)
cdi	cautio damni infecti
CIC	Corpus Iuris Civilis
D.	Digesten
Diss.	Dissertation
E I	Entwurf des BGB in der von der ersten Kommission vorgelegten Fassung
E I RJA	E I in der Fassung der Vorkommission des Reichsjustizamtes
E II	Entwurf des BGB in der von der zweiten Kommission vorgelegten Fassung
Einl.	Einleitung
Entw.	Entwurf
f.	folgende/r
ff.	fortfolgende
FIRA	Fontes Iuris Romani Antiqui
FN	Fußnote
FS	Festschrift
h. L.	herrschende Lehre
h. M.	herrschende Meinung

I.	Institutionen
JherJ	*Jherings Jahrbücher* für die Dogmatik des heutigen römischen und deutschen Privatrechts bzw. für die Dogmatik des bürgerlichen Rechts
Kfz	Kraftfahrzeug
lib.	liber (Buch)
m.	mit
N.	Nummer
Nachw.	Nachweis/e
n. F.	neue Fassung
OAG	Oberappellationsgericht
opnn	operis novi nuntiatio
opnn-ddg	operis novi nuntiatio damni depellendi gratia
OR	Obligationenrecht
p.	pars (Teil)
PrOtrE	Entscheidungen des Preußischen Obertribunals
pr.	preußisch oder principium
RHG	Reichshaftpflichtgesetz
RN	Randnummer
ROHG	Reichsoberhandelsgericht
Rspr.	Rechtsprechung
S.	Seite
s.	siehe
sc.	scilicet (natürlich)
s. o.	siehe oben
str.	streitig
TE	Teilentwurf
usw.	und so weiter
v.	von
vgl.	vergleiche
z. B.	zum Beispiel
ZHR	Zeitschrift für das gesamte Handelsrecht

Weitere Abkürzungen siehe bei *Kirchner*, Hildebert / *Butz*, Cornelie; Abkürzungsverzeichnis der Rechtssprache, 5. Aufl., Berlin, 2003

1.0 Einführung

Wird durch die Fehlerhaftigkeit eines Gebäudes oder eines sonstigen Bauwerkes ein Schaden verursacht, so ist die Frage, wer dafür verantwortlich gemacht werden kann, auf der Basis des geltenden allgemeinen Deliktsrechts, §§ 823 ff. BGB[1], für die Fälle unproblematisch zu beantworten, in denen bei der Schadenszufügung ein Verschulden kausal geworden ist. Hat jemand die Fehlerhaftigkeit eines Bauwerkes schuldhaft herbeigeführt, so haftet er nach § 823 I für jeden zurechenbaren Schaden, welcher Dritten an ihren deliktsrechtlich geschützten Rechten und Rechtsgütern infolge des Einsturzes des Bauwerkes oder durch Ablösen von einzelnen Teilen erwächst.[2]

Nicht durch das allgemeine Deliktsrecht abgedeckt sind hingegen die Fälle, in denen es der Besitzer oder Eigentümer objektiv unterlassen hat, sein Bauwerk ordnungsgemäß instand zu halten, ohne dass zu seinen Lasten ein Verschulden ersichtlich oder beweisbar ist. Der Grund dafür liegt auf der Hand; nach allgemeinem Deliktsrecht wird nur für Verschulden gehaftet. Fehlt es daran oder kann das Verschulden nicht nachgewiesen werden, so besteht im ersten Fall der Anspruch schon materiell-rechtlich nicht bzw. muß im zweiten Fall wegen non liquet aberkannt werden.

In diesen Fällen erfolgt eine Haftung nach besonderen deliktischen Normen, nämlich nach §§ 836 – 838. Flankierend dazu können für zukünftig drohende Schäden nach näherer Maßgabe der §§ 907 bis 909 Sicherungsvorkehrungen verlangt werden, um die Nachbarschaft vor baufälligen Gebäuden zu schützen.[3]

Diese Regelung der besonderen deliktischen Gebäudehaftpflicht im deutschen Zivilrecht erweist sich bei näherer Betrachtung nicht etwa als singuläre deutsche Eigenheit, sondern als ein vorläufiges legislatorisch – kodifikatorisches Endprodukt einer langen europäischen Tradition vorwiegend romanistischer Prägung. Sie beruht vor allem auf römisch-rechtlichen Wurzeln.

Im antiken Rom ging man, wie auch in anderen Rechtsordnungen vergangener Zeiten, grundsätzlich davon aus, dass niemand für den Schaden verantwortlich gemacht werden könne, der durch schlichtes, jedenfalls nicht pflichtwidriges

---

1 §§ ohne Gesetzesangabe sind solche des BGB.
2 Dies stand schon vor Beginn der Beratungen zum BGB außer Frage. Vgl. Herrmann, Der Störer nach § 1004 BGB, S. 228; Mugdan II, S. 457, 2. Absatz
3 Vgl. Herrmann, Der Störer nach § 1004 BGB, 12. Kapitel § 2 B (S. 155)

Unterlassen entstanden ist.[4] Eine Haftung kam in diesen Fällen nur nach besonderen Regeln in Betracht, welche notwendigerweise die Freiheit des Eigentums begrenzen mußten.

Solche besonderen Regeln begründete im antiken Rom speziell für den Bereich der Gebäudehaftpflicht vor allem das Rechtsinstitut der *cautio damni infecti*.[5] Sie bildet den heute noch sicher feststellbaren Ausgangspunkt der europäischen Rechtsentwicklung im außervertraglichen Gebäudehaftpflichtrecht. Dieses heute weitgehend unbekannte Rechtsinstitut verkörpert in besonderer Weise den juristischen Feinsinn der römischen Jurisprudenz. Es hat bis in die heutige Zeit Maßstäbe gesetzt und auf zahlreiche spätere Sondervorschriften Einfluß genommen.

Die *cautio damni infecti* war bis zum Vorabend des Inkrafttretens des BGB in denjenigen Gebieten Deutschlands, in denen das gemeine Recht galt, als rezipiertes römisches Recht in Kraft. Sie wurde nicht in das BGB übernommen, hat jedoch auf die §§ 836 – 838 sowie §§ 906 – 909 BGB maßgeblichen Einfluß genommen. Ohne die *cautio damni infecti* sind diese Vorschriften nicht erklärbar.[6] Als wesentlicher Grund für die Nichtübernahme der *cautio damni infecti* in das BGB wird allgemein angeführt, dass sie rechtspolitisch überholt sei und insofern den Erfordernissen der Moderne nicht mehr genüge.

Die Rechtsentwicklung im Deliktsrecht ist allerdings auffällig schnell über den im BGB kodifizierten, man möchte meinen modernen Stand hinweggegangen und hat bezeichnenderweise dabei im deliktischen Gebäudehaftpflichtrecht, dem Anwendungsbereich der *cautio damni infecti*, ihren Anfang genommen.

So judizierte das Reichsgericht schon im Jahre 1902, dass bei Unterlassungen, im konkreten Fall bei der Unterlassung des rechtzeitigen Wegnehmens oder Stützens eines morschen Baumes, die allgemeine Bestimmung des § 823 I BGB, und nicht nur § 836 in direkter oder analoger Anwendung zu berücksichtigen sei.[7] Zur Begründung dieser Rechtsansicht bezog sich das Reichsgericht indes ausdrücklich auf § 836 BGB und seinen gemeinrechtlichen Vorläufer, die *cautio damni infecti*. Es könne, so das Reichsgericht, unmöglich Sinn der neuen Rechts-

---

4   Es galt der Grundsatz: *Qui iure suo utitur, neminem laedit*; Übersetzung: „Wer von seinem Recht Gebrauch macht, schadet niemandem." Vgl. dazu: Motive II, S. 814 (zu § 735); RGZ 52, 373, 376; Hesse, cautio damni infecti, S. 10; Kaulfers, Haftung für Werkeinsturz, S. 3; Schaeffer, Haftung für Gebäudeeinsturz, S. 1 f.; Scholtz, Haftung für Gebäudeeinsturz, S. 12; Thomsen, cautio damni infecti, S. 1

5   Vgl dazu und zu weiteren römisch-rechtlichen Instituten zur Begrenzung des Grundstückseigentums: Bonfante, Diritto Romano II, S. 381, 383; Kaser, RP I, § 98 III

6   Hermann, Der Störer nach § 1004 BGB, S. 155

7   RGZ 52, 373, 377 ff.

bildung im BGB sein, hinter den Rechtszustand des römisch-gemeinen Rechts in dieser Materie zurückzutreten.[8]

Diese Rechtsprechungslinie fand ihre Fortsetzung im folgenden Jahr 1903[9] und wurde danach unbeirrt und stetig fortgeführt;[10] sie gilt heute als Grundlage der sogenannten Verkehrspflichten bzw. Verkehrssicherungspflichten,[11] im folgenden einheitlich Verkehrspflichten[12] genannt, welche im modernen deutschen Deliktsrecht eine sehr wichtige und bis heute zunehmende Bedeutung haben.[13]

Die Rechtsprechung von den Verkehrspflichten war begleitet von heftiger Kritik aus der rechtswissenschaftlichen Literatur, welche die methodologische Legitimität der Verkehrspflichten bezweifelte.[14] Die Kritik ist bis heute nicht verstummt.[15]

Sie konnte indes die kontinuierliche Entwicklung der Verkehrspflichten nicht aufhalten. Aus der Retrospektive betrachtet scheinen diese sich vielmehr mit geradezu unbändiger Kraft juristisch eine Bahn gebrochen zu haben.[16]

Sie wachsen auch heute noch und dringen dabei in immer weitere Lebensbereiche vor.[17] Den überschaubaren Bereich ihrer Entstehung, die gemeinrechtliche Gebäudehaftpflicht, haben sie schon lange hinter sich gelassen.

Die Bedeutung des kodifizierten Rechts, der §§ 836 ff., war demgegenüber von Anfang an sehr beschränkt und zu keiner Zeit mit derjenigen der Verkehrspflichten auch nur annähernd vergleichbar.[18] Monographien oder sonstige Ein-

---

8 RGZ 52, 373, 379

9 RGZ 54, 53, 56 ff.

10 RGZ 55, 27, 159; 58, 334; 68, 358; 62, 33; 85, 185; BGHZ 5, 378 (380); 14, 83 (85); 60, 54 (55); 65, 221 (224); weitere Nachweise bei Rogge, Verkehrspflichten, S. 16 FN 74

11 Zur Rechtsentwicklung vgl.: Larenz/Canaris, Schuldrecht BT II 2, § 76 III 1a; Bar, Gemeineuropäisches Deliktsrecht I, § 2 II 3 a RN 104 f. (S. 114)

12 Zur Terminologie vgl.: Kleindiek, Deliktshaftung, § 1 S. 6 m. w. Nachw.; Fukuda, Verkehrssicherungspflichten, S. 1 FN 1

13 Vgl zu dieser Einschätzung: Bar, aaO, RN 104; Rogge, Verkehrspflichten, S. 13

14 Pointiert vor allem Esser: JZ 1953, 129, 132 mit der bekannten Aussage, dass die Verkehrspflichten „wilder Wurzel" entsprungen seien; teilweise polemisch: Hofacker, Verkehrspflichten, S. 5, 7, 13, 27 ff.

15 Vgl. etwa: Bar, Verkehrspflichten, S. 25; Brüggemeier, Deliktsrecht, RN 501

16 Das räumen selbst die Gegner der Verkehrspflichten ein. Bezeichnend ist insoweit das bekannte Dictum Essers in JZ 1953, 129, 132, wonach „die illegitimen Kinder (gemeint sind die Verkehrspflichten) die vitalsten zu sein scheinen."

17 Siehe dazu etwa die Übersicht bei: Geigel/Schlegelmilch, Haftpflichtprozeß, 14. Kapitel Anwendungsfälle des § 823 I BGB, RN 1 ff. sowie die gleichgerichtete Wertung schon bei Esser, JZ 1953, 129, 132 insbes. FN 39

18 Vgl. insoweit die nach wie vor zutreffende Wertung bei: Herrmann, Der Störer nach § 1004 BGB, S. 166, wonach die neuere Kommentarliteratur die §§ 836 ff. vernachlässigt.

zelabhandlungen sind nach wie vor spärlich, vorwiegend älteren Datums und dogmatisch wenig weiterführend.[19]

Demgegenüber fällt auf, dass auch weitere wesentliche Rechtsgedanken der *cautio damni infecti* in Gestalt des vom BGH auf der Basis einer Analogie zu § 906 II 2 BGB geschaffenen Ausgleichsanspruchs des Grundeigentümers wegen faktischen Duldungszwangs praeter legem mehr als 80 Jahre nach Inkrafttreten des BGB wieder Eingang in das geltende Zivilrecht gefunden haben. Der BGH gewährt seit 1982 in ständiger Rechtsprechung dem Grundstückseigentümer dann einen Ausgleichsanspruch in Geld, wenn dieser unzulässige Einwirkungen auf sein Grundstück, die ihn unzumutbar beeinträchtigen, aus besonderen tatsächlichen Gründen nicht mit einer Klage nach § 1004 BGB abwehren konnte.[20]

Dieser äußerst verwunderliche Befund gibt Anlaß zu der Frage, wie es dazu kam, dass das kodifizierte Recht des BGB im Anwendungsbereich der gemeinrechtlichen *cautio damni infecti* durch die Verkehrspflichten sowie den Ausgleichsanspruch wegen faktischen Duldungszwangs überflügelt werden konnte. Indem sich beide Regelungskomplexe auf die *cautio damni infecti* als gemeinsamen Ursprung beziehen, ist insbesondere zu untersuchen, wieso die *cautio damni infecti* nicht in das BGB übernommen worden ist. Aufbauend darauf soll untersucht werden, ob sich ggf. eine Reintegration der *cautio damni infecti* in das geltende Zivilrecht empfiehlt.

---

19 Vgl. insoweit die zutreffende, gleichlautende Wertung bei: Hermann, Der Störer nach
   § 1004 BGB, S. 166 m. w. Nachw (dort FN 7)
20 BGHZ 85, 375 = NJW 1983, 872

2.0 Die cautio damni infecti im antiken römischen Recht

2.1 Allgemeine Einführung

Nach römischem Recht konnte der Grundstückseigentümer mit der *actio legis Aquiliae* denjenigen, welcher sein Grundstück und insbesondere darauf befindliche Gebäude rechtswidrig und schuldhaft beschädigte, auf Schadensersatz in Geld verklagen. Nach der *lex Aquilia* nicht verantwortlich zu machen war dagegen der Eigentümer einer Immobilie, die lediglich aufgrund ihres gefährlichen Zustandes einen Schaden an nachbarlichem Eigentum zu verursachen drohte; es galt der Grundsatz: *Qui iure suo utitur neminem laedit.* Das römische Recht half dem Nachbarn, den ein zu befürchtender Gebäudeeinsturz zu schädigen drohte, mit der *cautio damni infecti*.

Die *cautio damni infecti* (im Folgenden kurz *cdi* genannt) war diejenige Kaution, die auf Anordnung des römischen Prätors demjenigen zu leisten war, welcher sie aus Angst vor einem drohenden Schaden (*damnum infectum*) infolge eines *vitium aedium, loci* oder *operis* beim Magistrat beantragt hatte.[1] Der zur Kautionsforderung aktiv Legitimierte wird als Impetrant oder Postulant bezeichnet. Aktiv legitimiert waren der Eigentümer sowie jeder an dem gefährdeten Grundstück dinglich Berechtigte, wie z. B. der Nießbraucher (Usufruktuar), der Superfiziar oder der Pfandgläubiger.[2] Der Kautionsanspruch stand weiter zu dem Käufer eines Grundstücks, sobald ihm das Grundstück übergeben war.[3] Im Unterschied zu Personen, die sich nur vorübergehend auf dem Grundstück aufhielten, war der Mieter berechtigt, die *cdi* wegen einer drohenden Beschädigung seiner eigenen Sachen zu verlangen.[4] Aktiv legitimiert war schließlich jedermann, *„cuius periculo res est“*.[5] Der zur Kautionsleistung passiv Legitimierte wird als

---

1   Rainer, Römisches Bau- und Nachbarrecht, S. 97
2   Nießbraucher: Paulus D. 39, 2, 5, 2; Superfiziar: Ulpian D. 39, 2, 13, 8; Pfandgläubiger: Ulpian D. 39, 2, 11
3   Dies folgt aus einem Umkehrschluß zu Paulus D. 39, 2, 18, 9: Dort wird ein Kautionsanspruch des Käufers vor Übergabe abgelehnt.
4   Ulpian D. 39, 2, 13, 5; vgl. dazu Süss, Verschuldensunabhängige Haftung, S. 31
5   Paulus D. 39, 2, 18 pr.: *Damni infecti stipulatio competit non tantum ei cuius in bonis res est sed etiam cuius periculo res est.* Übersetzung in Anlehnung an Otto/Schilling/Sintenis, CIC Bd. 4, S. 41: „Die Stipulation wegen drohenden Schadens (damnum infectum) kann nicht nur derjenige fordern, in dessen Eigentum sich die Sache befindet, sondern auch jener, auf dessen Gefahr dieselbe steht."

15

Impetrat bezeichnet. Passiv legitimiert waren der Eigentümer, der *bonae fidei possessor*, der Usufruktuar, der Superfiziar und der Pfandgläubiger.[6] Die Kautionsleistung konnte allerdings bei mehrfacher dinglicher Berechtigung nur von einem verlangt werden.[7] Wegen eines *opus*, das ein Dritter auf einem Grundstück vornahm, musste der Eigentümer die *cdi* leisten, wenn er die Tätigkeit des Dritten in Auftrag gegeben hatte oder diese hätte verhindern können.[8]

Durch die Kautionsleistung versprach der Kautionsverpflichtete, den Schaden zu ersetzen, welchen der Kautionsberechtigte durch Einsturz des Gebäudes erleide. Trat der befürchtete Schaden ein, so konnte der Berechtigte aus der *cdi* mit der *actio ex stipulatu* auf Schadensersatz klagen. Diese Klage war auf das volle Interesse in Geld gerichtet.[9]

2.2 Vitium aedium, loci operisve

Der Prätor ordnete die Kautionsleistung an, wenn der Antragsteller geltend gemacht hatte, dass der Gebäudeeinsturz aufgrund eines *vitium aedium, loci operisve* drohte.[10] Von grundlegender Bedeutung für das Verständnis der *cdi* ist dabei das Begriffspaar *vitium – damnum*. Der Schaden – *damnum* – musste durch ein *vitium* – einen fehlerhaften Zustand bzw. eine fehlerhafte Tätigkeit – verursacht worden sein.[11]

Ein *vitium aedium* lag vor, wenn das Gebäude einen Mangel an Standsicherheit aufwies,[12] so dass ein Schaden durch den teilweisen oder gänzlichen Einsturz des Gebäudes einzutreten drohte.[13] Der Cavent konnte aus der von ihm geleisteten (promittierten) Kaution in Anspruch genommen werden, wenn das *vitium* Ursache des Schadens war. Beruhte der Einsturz hingegen auf unbezwingbaren Naturgewalten, so schied eine Inanspruchnahme des Caventen (Promittenten) aus

---

6 Bonae fidei possessor: Ulpian D. 39, 2, 13 pr.; Usufruktuar: Ulpian D. 39, 2, 9, 5; Superfiziar : Ulpian D. 39, 2, 9, 4; Pfandgläubiger: Ulpian D. 39, 2 11
7 Dies ergibt sich aus Ulpian D. 39, 2, 9, 4–5, vgl dazu Süss, aaO, S. 31
8 Burckhard, Pandekten II, S. 326; Hesse, Rechtsverhältnisse, S. 67 f.; Süss, aaO, S. 31
9 Ulpian D. 39, 2, 28: *In haec stipulatione venit, quanti ea res erit.* Übersetzung in Anlehnung an Otto/Schilling/Sintenis, CIC Bd. 4, S. 49: „Bei dieser Stipulation kommt das Interesse in Anschlag."
10 Süss, aaO, S. 27
11 Rainer, aaO, S. 97
12 Ulpian D. 39, 2, 27 pr.; Süss, aaO, S. 27 mit weiteren Nachweisen
13 Vgl. dazu Rainer, aaO, S. 117 mit Nachweisen zur Interpolationsforschung

der *cautio* aus.[14] Der drohende Einsturz eines Gebäudes, und damit das *vitium aedium*, ist lediglich einer der Fälle, in denen eine *cdi* verlangt werden konnte.

Ein weiterer Anwendungsfall und von großer Bedeutung für das Verständnis der *cdi* überhaupt ist das *vitium operis*. Auch im Bereich der *cdi* erfolgte eine Unterteilung des Begriffes *opus* in seine beiden Grundbedeutungen; zum einen wurde unter *opus* ein auf dem Grundstück hergestelltes Werk verstanden, ein *opus iam factum*. In dieser Bedeutung war *opus* das Ergebnis einer Bautätigkeit.[15] *Opus* in dieser Bedeutung konnte ein Bauwerk im weitesten Sinne sein[16], in der darin enthaltenen Bedeutung als errichtetes Haus deckt sich die Bedeutung von *opus* mit derjenigen von *aedes* im Sinne des *vitium aedium*.[17]

Zum anderen wurde unter *opus* die Bautätigkeit selbst verstanden, *opus quod fit*.[18] Die Bautätigkeit musste dabei entsprechend den allgemeinen Prinzipien der *cdi* völlig legitim und durfte insbesondere nicht schuldhaft sein.[19] Eine *cdi* konnte in diesem Bedeutungszusammenhang etwa wegen der Errichtung eines Gebäudes (*aedificare*)[20] oder wegen der Vertiefung eines Grundstücks (*fodere*) gefordert werden.[21] Dem *opus* in dieser Bedeutung können darüber hinaus alle baulichen Maßnahmen zugeordnet werden, soweit diese eine Veränderung des Grundstückes zum Gegenstand haben. Mit einer so geleisteten *cdi* konnte jeder Schaden geltend gemacht werden, welcher mit einem prinzipiell legitimen baulichen Tätigwerden in eigener Sache (*facere in suo*) auf dem Grund des Nachbarn in kausalem Zusammenhang stand.[22] Das *vitium operis* wurde darin gesehen, dass die

---

14 Ulpian-Vivian D. 39, 2, 24, 10: *Idem ait, si damni infecti aedium mearum nomine tibi promisero, deinde hae vi tempestatis in tua aedificia deciderint eaque diruerint, nihil ex ea stipulatione praestari, quia nullum damnum vitio mearum aedium tibi contingit: nisi forte ita vitiosae aedes meae fuerint, ut qualibet vel minima tempesta ruerint. Haec omnia vera sunt.* Übersetzung in Anlehung an Otto/Schilling/Sintenis, CIC Bd. 4, S. 47 f.: „Derselbe sagt: Wenn ich wegen meines Hauses für drohenden Schaden (damnum infectum) Sicherheit geleistet habe, hierauf dieses Haus durch die Gewalt des Sturmes auf deine Gebäude gefallen ist und dieselben zerstört hat, so brauche nichts aus jener Stipulation geleistet zu werden, weil dir kein Schaden durch die Baufälligkeit meines Hauses entstanden ist, es sei denn dass mein Haus so schadhaft gewesen ist, dass es bei jedem, selbst dem geringsten Sturm zusammengestürzt ist. Dies ist alles richtig."
15 Bonfante, S. 400; Branca, S. 105; Süß, aaO, S. 27 m. w. Nachweisen
16 Rainer, aaO, S. 102
17 Bonfante, S. 400; Branca, S. 105, Burckhard, Pandekten II, S. 164
18 Ulpian D. 39, 2, 24, pr.; Nörr, Symposion 1977, S. 269, 271; Rainer, aaO, S. 102; Süss, aaO, S. 27
19 Rainer, aaO, S. 102
20 Paulus D. 39, 2, 18, 11; Gaius D. 39, 2, 20; Süss, aaO, S. 27
21 Ulpian D. 39, 2, 24, 12; Rainer, aaO, S. 110; Süss, aaO, S. 27 f.
22 Rainer, aaO, S. 113

bauliche Tätigkeit schadensgeneigt war; der Umstand, dass die Bautätigkeit den Schaden herbeiführt, begründet das *vitium operis*.[23]

Die Zweispurigkeit der Bedeutung des Begriffes *opus* zeigt sich besonders deutlich bei der Unterschiedlichkeit der Voraussetzungen im Falle der Inanspruchnahme des Verpflichteten aus stipulierter *cdi* auf Schadensersatz im Wege der *actio ex stipulatu*: War wegen eines *vitium operis iam facti* stipuliert worden, so musste der Berechtigte neben dem eigenen Schaden den Mangel an Standsicherheit des gefahrverursachenden Gebäudes beweisen. Bei Stipulation der *cdi* wegen *vitium operis quod fit* setzte das Schadensersatzverlangen aus der *actio ex stipulatu* lediglich voraus, dass der Schaden auf der Bautätigkeit beruhte. Auf einen Fehler bei der Bauausführung oder etwa einen Sorgfaltsverstoß bei der Ausführung der Bauarbeiten kam es nicht an.[24]

Leistung der *cdi* konnte schließlich noch wegen eines *vitium loci* verlangt werden. Ein *vitium loci* wurde angenommen, wenn der mangelhafte Zustand eines Grundstücks Folge einer äußeren menschlichen Einwirkung (*accidens extrinsecus*) war.[25] Dem allein relevanten *vitium*, das *extrinsecus* entsteht, wird das *vitium naturale* gegenübergestellt. Wegen eines solchen naturgegeben mangelhaften Zustand eines Grundstücks, z. B. einer von Natur aus sumpfigen Wiese, wurde nicht gehaftet und konnte daher die Leistung der *cdi* nicht verlangt werden.[26]

2.3 Durchsetzung des Kautionsanspruches

Die Geltendmachung des Anspruchs (Postulation) auf die *cdi* mußte in jedem Fall vor dem Gerichtsmagistrat erfolgen, welcher dem Verpflichteten die Leistung der *cdi* nach einem summarischen Verfahren (*causae cognitio*) auferlegte. Eine außergerichtliche Postulation war möglich, konnte indes nur zu einer freiwilligen Leistung der *cdi* führen.[27] Die *cdi* war für eine vom Prätor bestimmte Zeit zu leisten. Der Postulant konnte erneute Ableistung der *cdi* verlangen, wenn die Gefahr nach Zeitablauf fortbestand.[28]

Bei der Durchsetzung der vom Gerichtsmagistrat angeordneten Stipulation der *cdi* unterstützte der Prätor den Postulanten mit den Zwangmitteln der *missiones in possessionem*. Verweigerte der Verpflichtete trotz prätorischer Anordnung

---

23 Karlowa, Römische Rechtsgeschichte II, S. 1246

24 Süss, aaO, S. 28

25 Ulpian D. 39, 2, 24, 2; Süss, aaO, S. 28

26 Ulpian D. 39, 2, 24, 2; Süss, aaO, S. 28 m. w. Nachw.; Rainer, aaO, S. 118 f.

27 Rainer, aaO, S. 97; Süss, aaO, S. 28 f.

28 Ulpian D. 39, 2, 4 pr.; Knütel, FS Kaser 1976, S. 201, 211; Süss, aaO, S. 28

die Ableistung der *cdi*, so wies der Prätor den Postulanten auf Antrag in die fremde Immobilie ein.[29] Diese *missio in possessionem*, unrömisch auch ex *primo decreto* genannt,[30] verschaffte dem Postulanten jedoch nicht den Besitz an dem Grundstück, sondern gewährte lediglich ein Detentionsrecht (*custodia*).[31] Der Postulant wurde auf diese Weise in die Lage versetzt, das *vitium* an dem gegnerischen Bauwerk bzw. Grundstück selbst zu beheben.[32] Dazu war der Postulant jedoch nicht verpflichtet. In erster Linie sollte durch die *missio in possessionem* Druck auf den Willen des Impetraten ausgeübt werden, die vom Prätor angeordnete *cdi* zu leisten.[33]

Der durch die *missio in possessionem ex primo decreto* begründete Rechtszustand war zeitlich begrenzt. Er endete mit der Ableistung der *cdi* durch den Impetraten oder im Falle von dessen fortgesetzter Weigerung mit dem Erlaß der *missio ex secundo decreto*.

Der Prätor wies mit dieser *missio in possesionem ex secundo decreto* auf entsprechenden Antrag des Postulanten diesem das bonitarische Eigentum an dem vitiösen Grundstück zu. Zugleich erhielt der Postulant Ersitzungsbesitz und bekam dadurch die Möglichkeit, durch Ersitzung (*usucapio*) uneingeschränktes quiritisches Eigentum zu erwerben.[34]

Beide Missionen hatten über ein Dekret des Prätors zu erfolgen. Sehr kasuistisch wurde die Frage behandelt, welche Sache von den Missionen betroffen sein konnte. In den diesbezüglichen Aufzählungen ist fast ausschließlich von Gebäuden (*aedes*) die Rede, so dass anzunehmen ist, dass das *vitium aedium* den größten Anwendungsbereich der *cdi* stellte.[35] Besonderer Wert wurde auf die Feststellung gelegt, dass die Einweisung nur in den vitiösen Teil der Sache erfolgte, von dem also der Schaden tatsächlich seinen Ausgang nehmen konnte. Dieser Teil musste von der übrigen Sache eindeutig zu trennen sein.[36]

Bestand das *opus* in einer Bautätigkeit (*opus quod fit*), so wurde eine *missio in possessionem* nicht angeordnet (str.).[37]In diesen Fällen erwiesen sich die *mis-

---

29 Ulpian, D. 39, 2, 4, 1; Kaser, RP I, S. 408; Rainer, aaO, S. 127
30 Kaser, RP I, S. 408; Süss, aaO, S. 29
31 Paulus D. 41, 2, 3, 23; Rainer, aaO, S. 127 f.; Süss, aaO, S. 29
32 Karlowa, Römische Rechtsgeschichte II 1, S. 1251; Rainer, aaO, S. 129; Süss, aaO, S. 29
33 Vgl. dazu Süss, aaO, S. 29 m. w. Nachw. in FN 90
34 Karlowa, aaO, S. 1252; Rainer, aaO, S. 127; Süss, aaO, S. 29 f.
35 Rainer, aaO, S. 127
36 Rainer, aaO, S. 127
37 Branca, S. 343 ff.; Burckhard, Pandekten I, S. 183; Rainer, aaO, S. 206: Nach Rainer ist die *opnn-ddg* kein ersatzweises Zwangsmittel anstelle der Missionen, um die *cdi* zu erreichen. Missionen und Nuntiation wirken nach Rainers Ansicht kumulativ und potenzieren ihre Wirkung dadurch.

siones als nicht zielführend, vielmehr kann nur eine Unterbindung der schadens-geneigten Bautätigkeit als geeignete Abhilfe angesehen werden. Diese Abhilfe erreichte das römische Recht, indem es dem Postulanten ein besonderes Rechts-institut gewährte, nämlich die *operis novi nuntiatio damni depellendi causa*. Mit Hilfe dieses Rechtsinstituts konnte der Postulant durch mündlich geäußerten Ein-spruch gegenüber dem Bauherrn die Baumaßnahmen solange verbieten, bis ihm *cdi* geleistet wurde.[38] Weil die *operis novi nuntiatio* für den Rechtsschutz des Grundstückseigentümers ebenso wie die *cdi* von wesentlicher Bedeutung ist, soll sie an anderer Stelle gesondert dargestellt werden.

Widersetzte sich der Impetrat der *missio in possessionem ex secundo decreto*, d. h. ließ er etwa eine Inbesitznahme nicht zu, so war der Postulant berechtigt, mit der *actio ficticia ex stipulatu* auf Schadensersatz zu klagen, wenn der be-fürchtete Schaden eintrat. Diese Klage beruhte auf der Fiktion einer geleisteten *cdi* und stellte den Postulanten so, als habe er eine ordnungsgemäß stipulierte *cdi* erhalten.[39] Daraus folgt, dass diese *actio ficticia ex stipulatu* erst nach Scha-denseintritt erhoben werden konnte. Der Impetrat konnte auf diese Weise auf das verklagt werden, was er bei ordnungsgemäßer vorheriger Ableistung der *cdi* und anschließender Anstrengung einer gewöhnlichen *actio ex stipulatu* in Geld zu zahlen gehabt hätte.[40]

2.4 Subsidiarität der cautio damni infecti

Ein besonderes Problem im Rahmen der *cdi* stellt ihre subsidiäre Anwendbarkeit dar. Der Gerichtsmagistrat ordnete die *cdi* von vorn herein nicht an, wenn sicher feststand, dass dem Postulanten bei angenommenem Eintritt des befürchteten Schadens eine andere Schadensersatzklage zur Verfügung stehen würde.[41] Die Begründetheit dieser anderen Klage musste bereits zur Zeit der Kautionsforde-rung mit Sicherheit feststehen, der Postulant musste durch diese andere Klage zumindest in gleicher Weise geschützt sein, wie wenn ihm die *cdi* geleistet wor-den wäre.

---

38 Rainer, aaO, S. 127; Süss, aaO, S. 29
39 Quelle fiktiz. Klage: Ulpian D. 39, 2, 4, 2; vgl. dazu: Kaser, RP I, S. 408; Rodger, Owners and Neighbours in Roman Law, S. 51
40 Kaser, RP I, S. 408; Knütel, FS Kaser 1986, S. 101, 117; Rainer, aaO, S. 132; Süss, aaO, S. 30
41 Bonfante, S. 416 f.; Hesse, Rechtsverhältnisse, S. 83 ff.; Süss, aaO, S. 31; Rainer, aaO, S. 98

Die Literatur spricht in diesem Zusammenhang von der Subsidiarität der *cdi*.[42] Dieses Konkurrenzverhältnis von *cdi* und anderen Rechtsbehelfen ergibt sich aus der Zusammenschau mehrerer Digestenstellen[43] und gewährte dem Postulanten etwa dann keinen Kautionsanspruch, wenn er mit einer vertraglichen Klage oder einer Klage nach der *lex Aquilia* bei Schadenseintritt Schadensersatz verlangen konnte. Wegen der Schwierigkeiten, die Begründetheit konkurrierender Klagen im Zeitpunkt der Postulation der *cdi* sicher zu bestimmen, dürfte von dem konkurrenzmäßigem Ausschluß der *cdi* eher zurückhaltend Gebrauch gemacht worden sein und in vielen Fällen selbst bei verschuldensbedingtem Eintritt des Schadens die Stipulation der *cdi* auferlegt worden sein.[44]

War dem Postulanten in einer solchen Konkurrenzklagensituation die *cdi* geleistet worden, so konnte er bei Eintritt des befürchteten Schadens auch dann aus der *actio ex stipulatu* klagen, wenn der Cavent den Schaden schuldhaft verursacht hatte. Die *actio ex stipulatu* konkurrierte in diesem Fall mit der *actio legis Aquiliae*. Der Geschädigte hatte bis zur Litiskontestation die Wahl zwischen den beiden Klagen, danach trat Klagenkonsumption ein mit der Folge, dass eine Klagänderung ab diesem Zeitpunkt ausgeschlossen war.[45]

Der Anspruch auf Bestellung der *cdi* war demgegenüber nicht subsidiär in Bezug auf die *actio negatoria*. Der aus einer *actio negatoria* vorgehende Kläger hatte mit dieser Klage nicht die Möglichkeit, einen drohenden Schaden abzuwehren oder zu liquidieren. Denn die *actio negatoria* setzte voraus, dass der Gegner eine schädigende Einwirkung auf das Grundstück des Klägers bereits vorgenommen hatte. Stand eine erstmalige Beeinträchtigung erst noch bevor, so konnte sich der davon bedrohte Berechtigte nur dadurch schützen, dass er wegen des zu befürchtenden Schadens die Stipulation der *cdi* postulierte oder, worauf wie gesagt noch gesondert eingegangen wird, mit der *operis novi nuntiatio damni depellendi causa* vorging.[46]

2.5 Verfahren der Bestellung der cautio damni infecti

Bestand die nicht fern liegende Aussicht, dass der vom Postulanten befürchtete Schaden wirklich eintreten konnte, so hatte der Prätor anzuordnen, dass der Im-

---

42 Branca, S. 96 f.; Bonfante, S. 416; Süss, aaO, S. 32
43 Vgl. etwa Gaius D. 39, 2, 32; Ulpian D. 39, 2, 13, 6; Paulus D. 39, 2, 18, 4; s. dazu: Rainer, aaO, S. 98; Süss, aaO, S. 32 FN 109
44 Rainer, aaO, S. 98
45 Rainer, aaO, S. 99; Süss, aaO, S. 32
46 Bonfante, S. 416 f.; Branca, S. 339 f.; Süss, aaO, S. 33

petrat dem Postulanten die *cdi* leiste.[47] Voraussetzung für die prätorische Anordnung der Ableistung der *cdi* war zum einen, dass der Postulant befürchtete, aufgrund eines *vitium aedium, loci operisve* einen Schaden zu erleiden. Diese Befürchtung musste er dem Prätor darlegen.[48] Zum zweiten hatte der Postulant seine Behauptung durch die Leistung des Kalumnieneides zu bekräftigen. Mit diesem Eid schwor er, dass er die *cdi* aus wirklicher Furcht vor dem drohenden Schaden, nicht aus Schikane (*calumniae causa*) verlange.[49]

Der Prätor hatte bei seiner Entscheidung über den Kautionsantrag nicht zu untersuchen, ob die behauptete Gefahr objektiv bestand und damit der behauptete Schaden wirklich drohte; er hatte lediglich zu prüfen, ob die vom Postulanten behauptete Gefährdung nicht schlechthin ausgeschlossen war.[50] War die Behauptung des *damnum infectum* in diesem Sinne nicht offensichtlich unbegründet, so ordnete der Prätor die Ableistung der *cdi* auf den Kalumnieneid des Postulanten hin an.[51]

Die vom Impetraten gegenüber dem Postulanten zu leistende *cdi* war in die Form einer Stipulation gekleidet.[52] Soweit der Cavent die *cdi* im eigenen Namen (*suo nomine*) leistete, genügte eine einfache Stipulation (*repromissio*), während derjenige, welcher für einen anderen (*alieno nomine*) die *cdi* leistete, dies in Form der *satisdatio* zu tun hatte, d. h. sein Kautionsversprechen durch Bürgenstellung verstärken musste.[53]

---

47 Rainer, aaO, S. 97
48 Bonfante, S. 398; Hesse, Rechtsverhältnisse, S. 81; Süss, aaO, S. 33
49 Ulpian D. 39, 2, 7 pr.; Ulpian D. 39, 2, 13, 3, 4; Lenel, Edictum Perpetuum, S. 372; Rainer, aaO, S. 97; Süss, aaO, S. 33; Watson, Law of property in the later roman republic, S. 150;
50 Ulpian D. 39, 2, 13, 3: ....*quisquis igitur iuraverit de calumnia, admittitur ad stipulationem, et non inquiretur, utrum intersit eius an non, vicinas aedes habeat an non habeat. Totum tamen hoc iurisdictioni praetoriae subiciendum cui cavendum sit, cui non.*; Übersetzung in Anlehung an Otto/Schilling/Sintenis, CIC Bd. 4, S. 32: „Wer also den Kalumnieneid leistet, wird zur Stipulation zugelassen. Und es wird nicht untersucht werden, ob er ein Interesse habe oder nicht, ob er ein Haus in der Nähe besitze oder nicht. Doch dies alles muß der Gerichtsbarkeit des Prätors überlassen werden, wem Sicherheit geleistet werden muß und wem nicht.“
51 Süss, aaO, S. 34
52 Die Stipulation hatte nach Lenel, Edictum Perpetuum, S. 551 f. folgenden Wortlaut: *Quod aedium loci operisve q.d.a. vitio, si quid ibi ruet scindetur fodietur aedificabitur, in aedibus meis intra* (sc. Einfügung des Zeitraums) *damnum factum erit, quanti ea res erit, tantam pecuniam dari dolumque malum abesse afuturumque esse spondesne – spondeo*; s. dazu auch Nörr, Symposion 1977, S. 270
53 Rainer, aaO, S. 97

Das Verfahren vor dem Gerichtsmagistrat bis zur Anordnung der *cdi* war mithin kurz und summarisch.[54] In diesem Verfahren noch nicht geprüft wurde die Frage, ob ein *vitium* vorgelegen und zum *damnum* geführt hat; dies geschah erst, wenn der Postulant die *actio ex stipulatu* erhob.[55] Aus dieser Klage wurde verschuldensunabhängig gehaftet, bei einem *vitium operis* im Falle einer Bautätigkeit war eine Sorgfaltswidrigkeit des Caventen nicht Anspruchsvoraussetzung; es genügte Kausalität zwischen Bautätigkeit und Schaden.[56] So konnte der Postulant bei Bauarbeiten auf dem Nachbargrundstück auf Verdacht die *cdi* verlangen.[57]

Bei Vertiefungsarbeiten auf dem Nachbargrundstück genügte indes die Darlegung der Vertiefung für sich allein nicht, hier musste zusätzlich die konkrete Befürchtung eines Schadenseintritts unter Eid vorgetragen werden, um die prätorische Anordnung der Ableistung der *cdi* auszulösen.[58]

Unverzichtbar war in allen Fällen dieser Art, dass überhaupt Bauarbeiten auf dem nachbarlichen Grundstück stattfanden, wovon sich der Prätor jederzeit überzeugen konnte. Fehlte es an der Bautätigkeit, so war die Kautionsanordnung wegen rechtsmissbräuchlichen Verhaltens des Postulanten vom Prätor abzulehnen.[59]

2.6 Die cautio de praeterito damno

Die *cautio damni infecti* schützte den Berechtigten vor einem drohenden, noch nicht eingetretenen Schaden. Davon zu unterscheiden ist der Fall, dass dem Berechtigten durch Einsturz eines nachbarlichen Gebäudes bereits ein Schaden entstanden war, bevor er die *cdi* gegen den Nachbar hatte beantragen können. Diesen Fall behandelt Ulpian im 53. Buch seines Ediktskommentars anhand eines Responsums des Julian, welches den Fall betrifft, dass ein Gebäude einstürzt und die Trümmer auf das Nachbargrundstück fallen, bevor der Nachbar die *cdi* beantragen konnte.[60] Danach stand dem Eigentümer bzw. Besitzer des beschädigten Grundstücks gegen den Nachbar, welcher die Trümmer wegschaffen wollte, zunächst ein Zurückbehaltungsrecht zu, mittels dessen der Geschädigte eine *cautio de damno futuro et praeterito* durchsetzen konnte.[61] Mit dieser *cautio de damno*

---

54 Branca, S. 389
55 Ulpian D. 39, 2, 4, 4; Ulpian D. 39. 2, 15, 28; vgl. dazu Süss, aaO, S. 34 FN 128
56 Rainer, aaO, S. 98
57 Süss, aaO, S. 34
58 Ulpian D. 39, 2, 13, 3; vgl. dazu Süss, aaO, S. 34
59 Ulpian D. 39, 2, 13, 3; Süss, aaO, S. 34
60 Ulpian D. 39, 2, 7, 2: Lateinischer Wortlaut und Übersetzung vgl. Süss, aaO, S. 35 (FN 133)
61 Süss, aaO, S. 36

futuro et praeterito versprach der Nachbar, den bereits eingetretenen wie auch etwaigen durch das Wegräumen der Trümmer zukünftig entstehenden Schaden zu ersetzen. Wollte der Nachbar die Trümmer wegschaffen, so konnte sich der Geschädigte dadurch in die Rechtsposition bringen, welche er bei rechtzeitiger Bestellung *der cdi* innegehabt hätte.[62]

Unternahm der schädigende Nachbar hingegen nichts und ließ die Trümmer auf dem nachbarlichen Grundstück liegen, so war dem Geschädigten mit dem Detentionsrecht an den Trümmern sowie dem damit verknüpften Kautionsanspruch nicht geholfen. Denn dieser Kautionsanspruch verschaffte dem Berechtigten nur dann einen Schadensersatzanspruch, wenn der Nachbar die Trümmer wegräumen wollte.[63] Für diesen Fall gewährte der Prätor dem Geschädigten ein Interdikt auf Beseitigung der Trümmer. Durch dieses Interdikt wurde der Eigentümer bzw. Besitzer des eingestürzten Gebäudes verpflichtet, entweder die Trümmer wegzuschaffen und damit aus der *cautio de damno futuro et praeterito* Schadensersatz zu leisten oder die *totae aedes*, d. h. das Grundstück und die verbliebenen Reste des eingestürzten Gebäudes, zu derelinquieren.

Mit diesem Interdikt hatte der durch den Einsturz geschädigte Nachbar jedoch noch keinen direkten Schadensersatzanspruch wegen der Schäden an seinem eigenen Grundstück und Gebäude gegen den Nachbarn. Mit diesem Problem befasste sich das bereits erwähnte Responsum des Julian im 53. Buch des Ediktskommentars und gewährte dem geschädigten Eigentümer bzw. Besitzer eine *cautio de praeterito damno* für bereits eingetretene Schäden an seinem Grundstück und Gebäude, wenn dieser durch Abwesenheit aus besonderem Grund (*quia rei publicae aberat*) oder durch Zeitnot (*propter angustias temporis)* an der rechtzeitigen Postulation der *cautio damni infecti* gehindert war. Ein *impedimentum*, d. h. ein Hindernis, das den Eigentümer bzw. Besitzer des beschädigten Grundstücks von der rechtzeitigen Postulation der *cdi* abgehalten hatte, rechtfertigte damit die Gewährung der *cautio de praeterito damno* für den bereits eingetretenen Schaden.[64]

Hatte dagegen der geschädigte Nachbar aufgrund eigener Nachlässigkeit (*neglegentia*) verabsäumt, die *cdi* rechtzeitig zu postulieren, lag also kein *impedimentum* vor, so wurde die *cautio de praeterito damno* nicht gewährt und ging der geschädigte Eigentümer bzw. Besitzer leer aus, wenn der Nachbar die Trümmer des eingestürzten Gebäudes nicht wegräumte sondern derelinquierte.[65]

---

62 Watson, Law of property in the later roman republic, S. 146
63 Bonfante, S. 422; Branca, S. 260
64 Süss, aaO, S. 38
65 Vgl. dazu Gaius D. 39, 2, 6: *Evenit, ut nonnumquam damno dato nulla nobis competat actio non interposita antea cautione, veluti si vicini aedes ruinosae in meas aedes ceciderint: aedeo ut plerisque placuerit nec cogi quidem eum posse, ut rudera tollat,*

Für die *cautio de praeterito damno* galten die Regeln der *cautio damni infecti* entsprechend; die Höhe der zu leistenden *cautio de praeterito damno* bestimmte sich nach dem eingetretenen Schaden, die Höhe der *cdi* nach dem drohenden Schaden.[66]

Die geleistete *cautio de praeterito damno* eröffnete wie die geleistete *cdi* die *actio ex stipulatu*, also die verschuldensunabhängige Klage auf Schadensersatz in Geld.[67]

Verweigerte der Nachbar die Ableistung der *cautio de praeterito damno* trotz prätorischer Anordnung, so lief er Gefahr, sein Grundstück auf weitere prätorische Anordnung hin derelinquieren zu müssen. Der Nachbar hatte mithin in diesen Fällen den eingetretenen Schaden zu ersetzen, wenn er nicht sein Eigentum an dem Grundstück verlieren wollte: *damnum sarciat aut aedibus careat*.[68]

2.7 Entstehungsgeschichte der römisch-rechtlichen cautio damni infecti

Die Entstehungsgeschichte der *cdi* ist für die vorliegende Untersuchung durchaus von Bedeutung,[69] so dass sie nachfolgend in ihren wesentlichen Grundzügen dargestellt werden soll.

2.7.1 Das ältere römische Recht

In der Normenentwicklung zur Regelung der Verfahrensweise bei einem durch Gebäudeeinsturz drohenden Schaden, einem *damnum infectum*, lassen sich zweckmäßigerweise wie auch sonst im antiken römischen Recht[70] im wesentli-

---

si modo omnia quae iaceant pro derelicto habeat. Übersetzung nach Otto/Schilling/Sintenis, CIC Bd. 4, S. 26: „Es trifft sich, dass manchmal bei entstandenem Schaden uns keine Klage zusteht, wenn keine Sicherheit zuvor bestellt worden ist: wie wenn das baufällige Haus des Nachbarn auf mein Haus gefallen ist: so, dass die meisten dafürhalten, es könne derselbe nicht einmal gezwungen werden, die Trümmer wegzuräumen, wenn er alles, was da liegt, aufgibt."

66 Süss, aaO, S. 38 f.
67 Süss, aaO, S. 39
68 Süss, aaO, S. 39
69 Vgl. dazu Teile 8.0 sowie 9.0 dieser Arbeit.
70 Eine ansprechende Zeittafel zur Entwicklung der römischen Jurisprudenz findet sich bei: Rainer/Filip-Fröschl, Texte zum römischen Recht, S. 8 f.

chen zwei Zeitperioden unterscheiden, nämlich das (ältere) Zivilrecht (*ius civile*) und das (jüngere) prätorische Recht.[71]

Den strikt angewendeten Rechtsnormen des älteren römischen Zivilrechts[72] war als tragender Grundsatz immanent, dass niemand zu einer positiven Handlung verpflichtet werden kann, durch welche eine schädliche Einwirkung einer ihm gehörigen Sache auf andere Menschen oder fremde Sachen verhindert wird. Es galt der bekannte Grundsatz: *Qui iure suo utitur, neminem laedit.* Wer von seinem Recht Gebrauch macht, schadet niemandem. Somit musste auch niemand für den Schaden einstehen, welche die ihm gehörigen Sachen, Mobilien so gut wie Immobilien, anrichteten.[73]

Dieser Grundsatz galt jedoch schon im alten römischen Zivilrecht nicht uneingeschränkt und ausnahmslos. Vielmehr wurde für den durch Gewaltunterworfene (Sklaven, Hauskinder) oder Tiere angerichteten Schaden unabhängig von einem Verschulden des jeweiligen Herrn/Eigentümers gehaftet, gegen welchen sich die eigens zu diesem Zweck entwickelten Noxalklagen richteten.[74] Als Ausgleich für die verschuldensunabhängige Haftung konnte der Herr/Eigentümer das Tier oder die gewaltunterworfene Person ausliefern (*noxae deditio*) und sich so der Schadensersatzhaftung auf Geld entziehen.[75]

Es gibt deutliche Hinweise darauf, dass im alten Zivilrecht auch besondere Vorschriften über die Haftung für Schäden, welche durch den Einsturz von Bauwerken oder Ablösung von einzelnen Bauteilen herrührten, in Geltung waren. So hat sich nach einem Ausspruch des Paulus in D 43, 8, 5 in den Zwölftafeln die folgende Regelung wegen *damnum infectum*, zukünftigen Schadens,[76] befunden:

Si per publicum locum rivus aquae ductus privato nocebit, erit actio privato ex lege duodecim tabularum, ut noxa domino sarciatur.

Diese Stelle lautet übersetzt:[77]

---

71 Vgl. Kaser-Hackl, Römisches Zivilprozeßrecht, S. 3 f.; Scholtz, Haftung für Einsturz, S. 19
72 Vgl. dazu etwa: Wenger, Institutionen, S. 13
73 Vangerow, Pandekten III, § 678, S. 528; Schaeffer, Haftung für Gebäudeeinsturz, S. 2
74 Schaeffer, aaO, S. 2
75 Vgl dazu etwa: Kaser, RP I, § 42
76 Dass es sich bei *damnum infectum* um zukünftig drohenden Schaden handelt, folgt ausdrücklich aus der Digestelle Gaius D. 39, 2, 2: *Damnum infectum est damnum nondum factum, quod futurum veremur.* Übersetzung in Anlehnung an Otto/Schilling/Sintenis, CIC Bd. 4, S. 24: Drohender Schaden (damnum infectum) ist ein noch nicht eingetretener Schaden, den wir zu erleiden befürchten.
77 Übersetzung in Anlehnung an Otto/Schilling/Sintenis, CIC Bd. 4, S. 436

„Wenn der Kanal einer Wasserleitung, der durch einen öffentlichen Platz gezogen ist, einem Privaten Schaden bringt, so wird diesem die Klage aus dem Zwölftafelgesetz zustehen, dass ihm (dem Eigentümer) für (zukünftigen) Schaden Sicherheit bestellt werde."

Es gab also nach heute, soweit ersichtlich, unbestrittener Auffassung in der romanistischen Literatur schon im alten Legisaktionenprozeß[78] eine einschlägige Spezialklage, eine *legis actio damni infecti*[79]. Diese ist weder von der *lex Aebutia,* erlassen um die Mitte des 2. Jahrhunderts vor Christus,[80] noch von den späteren *duae leges Iuliae iudiciorum privatorum,* erlassen im Prinzipat des Augustus etwa um 17 vor Christus,[81] aufgehoben worden. Durch diese Gesetze wurde das alte Legisaktionenverfahren abgeschafft und durch das Formularverfahren ersetzt.[82] Nur in den Fällen der Kompetenz des alten Centumviralgerichtes sowie bei der *actio damni infecti* sollte es beim alten Legisaktionenverfahren bleiben.[83]

Wegen der lückenhaften Quellenlage ist jedoch bis heute zweifelhaft[84], wie der Schutz vor einem zukünftig drohenden Schaden, einem *damnum infectum,* wie er bei Gebäuden oder Bauwerken typischerweise auftreten kann und insbesondere in Rom aufgetreten ist, im alten Legisaktionenverfahren im einzelnen bewerkstelligt wurde. Weder ist geklärt, welchen Anspruch diese *legis actio* gab noch wie dieser durchgesetzt werden konnte. Namentlich bleibt unklar, ob schon eine *cautio,* d. h. ein Anspruch auf eine wie auch immer geartete Sicherheitsleistung im Rahmen der legisaktorischen *actio damni infecti* gewährt wurde oder ob diese erst ein Produkt der prätorischen Rechtsfortbildung ist.[85]

Um diese Fragen hat sich in der pandektistischen Literatur des 19. Jahrhunderts ein umfänglicher Meinungsstreit auf der Basis der seitdem nicht nachhaltig besser gewordenen Quellenlage[86] entzündet, welcher noch heute nicht bewältigt ist. Unmittelbarer Anlaß und Auslöser dieses Streites ist das im Jahre 1816 wie-

---

78 Zum Legisaktionenprozeß ausführlich: Kaser-Hackl, Römisches Zivilprozeßrecht, § 4
79 Vgl. etwa Rainer, Bau- und Nachbarrecht, S. 141
80 Bei der *lex Aebutia* handelt es sich um ein Volksgesetz, durch welches der zuvor schon gewohnheitsrechtlich vorliegende Formularprozeß formalgesetzlich anerkannt wurde. Vgl. zur zeitlichen Einordnung: Wenger, Institutionen, S. 78; Rainer, Bau- und Nachbarrecht, S. 137
81 Zur zeitlichen Einordnung vgl. etwa: Wenger, Institutionen, S. 20; Rainer, Bau- und Nachbarrecht, S. 137
82 Vgl. Kaser-Hackl, Römisches Zivilprozeßrecht, S. 4
83 Vgl. Kaser-Hackl, Römisches Zivilprozeßrecht, § 4 I a. E.; Rainer, Bau- und Nachbarrecht, S. 137 f.; Wlassak, Römische Prozeßgesetze I, S. 238 ff. u. 257 ff., insoweit teilweise unrichtig: Scholtz, Haftung für Gebäudeeinsturz, S. 19 f.
84 Zum aktuellen Stand der rechtshistorischen Diskussion vgl. Rainer, Bau- und Nachbarrecht, S. 137 ff.
85 Scholtz, Haftung für Gebäudeeinsturz, S. 19
86 Vgl dazu etwa: Wenger, Institutionen, § 1 I; Rainer, Bau- und Nachbarrecht, S. 137 f.

der aufgetauchte, unvollständige Textfragment *Gaius Institutiones IV, 31,* welches im Original wie folgt lautet:

Tantum ex duabus causis permissum est lege agere: damni infecti et, si centumvirale iudicium futurum est; sane, cum ad centumviros itur, ante lege agitur sacramento apud praetorem urbanum vel peregrinum; damni vero infecti nemo vult lege agere, sed potius stipulatione, quae in edicto proposita est, obligat adversarium suum, idque et commodius ius et plenius est. Per pignoris capionem – (24 Zeilen) – apparet.[87]

Diese Stelle lautet in der Übersetzung:

„Nur aus zwei Gründen ist es erlaubt, im Wege der Legisaktion (Spruchformel) zu klagen; wegen eines *damnum infectum* und wenn die Entscheidung bzw. das Urteil durch das Zentumviralgericht erfolgen soll. Es ist natürlich, dass man, bevor man das Zentumviralgericht anruft, zunächst mit dem Spruchformelverfahren unter Geldeinsatz vor dem Stadt- oder Fremdenprätor beginnt. Aber was die Fälle des *damnum infectum* anbetrifft, so will (regelmäßig) niemand im Legisaktionenverfahren klagen. Man bevorzugt es vielmehr, den Gegner durch freiwillige Stipulation, wie sie in dem Prätorenedikt vorgesehen ist, zu verpflichten. So kommt man bequemer und umfassender zu seinem Recht. Durch Pfandnahme – (24 Zeilen) – ist offenbar."[88]

Insbesondere nach Unterholzner und Burckhard sollte die alte legisaktorische Klage, ebenso wie die wesentlich spätere, auf prätorischem Edikt beruhende, gleichnamige Klage, direkt auf eine *cautio,* d. h. Kautionsleistung in Form der Zusicherung einer Ersatzleistung ggf. verstärkt durch Bürgschaftsleistung (*satisdatio*) für den Fall eines konkret eintretenden Schadens gerichtet werden können.[89] Eine wie auch immer geartete Einweisung (*missio*) in das schadendrohende Grundstück habe es jedoch nicht gegeben.[90] Es habe allenfalls die Möglichkeit für den *Impetraten* (Klagegegner) bestanden, sich seiner Kautionsverpflichtung durch Preisgabe seines Rechts an dem gefahrdrohenden Grundstück (*noxae deditio*) zu entziehen.[91]

Nach anderer, insbesondere im Anschluß an Bethmann-Hollweg vertretener Meinung soll es im alten Legisaktionenprozeß lediglich eine *actio legis per pignoris capionem* für den Fall gegeben haben, dass von einem Nachbargrundstück Schaden drohte und Sicherstellung vorprozessual verweigert wurde.[92] Mit-

---

87 Lat. Text zit. nach Manthe, Gaius Institutiones, IV 31, S. 336; vgl. dazu die leicht abweichende Textfassung bei Hesse, Rechtsverhältnisse, S. 138

88 Übersetzung in Anlehnung an Reinach, Gaius Institutes, S. 129 sowie Manthe, Gaius Institutiones, IV 31, S. 337

89 Unterholzner, Schuldverhältnisse II, S. 721; Burckhard, c.d.i., S. 75

90 Unterholzner, aaO., S. 721

91 Unterholzner, aaO., S. 721

92 Bethmann-Hollweg, Zivilprozeß Bd. 1, S. 204

tels dieser Klage (*legis actio*) sollte die Beschlagnahme (*pignoris capio*) des gefahrverbreitenden Grundstücks ermöglicht werden, dies allerdings letztendlich zu dem außerprozessualen Zweck, künftige Schadensersatzansprüche, namentlich in Bausachen der hier interessierenden Art, sicherzustellen. Dies konnte z. B. durch Abgabe einer *cautio damni infecti* oder durch *satisdatio* (Bürgschaft) geschehen. Die *pignoris capio* war hier prozessuales Mittel zu einem außerprozessualen Zweck; die Abgabe einer *cautio damni infecti* oder einer *satisdatio* bewirkte de facto eine Lockerung der ansonsten drohenden Pfändung, indem nämlich diese wesentlich stärker fühlbare Zwangsmaßnahme quasi im Gegenzug mangels Erforderlichkeit ausgesetzt werden oder gar gänzlich unterbleiben konnte.[93]

Diese mutmaßliche Klage hat in der pandektistischen Literatur teilweise Beifall gefunden, wurde jedoch von anderen Autoren als reine Spekulation abgelehnt.[94]

Die hier genannte *cautio damni infecti* ist nicht zu verwechseln mit dem gleichnamigen Rechtsinstitut aus dem prätorischen Edikt der späteren Zeit (D 39, 2, 7), auf welches im Weiteren noch eingegangen wird, sondern allenfalls ein Vorläufer.[95]

Bis in die jüngere Zeit wurden zur Frage des Wesens und Inhalts der legisaktorischen *actio damni infecti* noch zahlreiche, inhaltlich weiter differierende Positionen eingenommen, deren Aufzählung und Bewertung im Rahmen dieser Untersuchung nicht weiter führt.[96] Im übrigen spricht vieles dafür, dass die authentische historische Wahrheit über die legisaktorische *actio damni infecti* bei der vorliegenden lückenhaften Quellenlage nicht mehr sicher feststellbar ist. Mit dieser Erkenntnis sollte es sich m. E. zumindest beim derzeitigen Stand der Forschung bewenden, auch wenn dies aus wissenschaftlicher Sicht vielleicht nicht so recht zu befriedigen vermag; dies gebietet allerdings die auch und gerade in der Wissenschaft geltende *ars nesciendi*.[97]

---

93 Karlowa, Der römische Civilprozeß zur Zeit der Legisactionen, S. 216 ff.; Burckhard, cautio damni.infecti, S. 76
94 Zustimmung von: Karlowa, aaO, S. 216 ff.; Wach, bei Keller, Römischer Zivilprozeß, § 20 Anm. 267 a; ablehnend: Burckhard, cautio damni infecti, S. 77
95 Karlowa, aaO, S. 216 ff.; Burckhard, cautio damni infecti, S. 76
96 Ein umfänglicher Überblick über den Meinungsstreit findet sich bei: Rainer, Bau- und Nachbarrecht, S. 143ff.
97 Übersetzung: Die Kunst des Nichtwisssens. Vgl. dazu sehr treffend: Goudsmit, Veroneser Handschrift, S. VII

2.7.2 Die cautio damni infecti des prätorischen Rechts

Auf dem Gebiete des allgemeinen Deliktsrechts vollzog sich im römischen Recht der Übergang von der reinen Erfolgshaftung der alten Zeit der Legisaktionen zu der insbesondere aus der klassischen römischen Jurisprudenz bekannten, differenzierten Verschuldenshaftung durch die Einführung der *actio ex lege Aquilia*, klassischerweise datiert auf das Jahr 286 vor Christus.[98]

Diese Klage gewährte Anspruch auf Schadensersatz demjenigen, dessen Vermögensgüter durch eine widerrechtliche und schuldhafte Einwirkung (*iniuria*) eines Dritten verletzt worden waren.[99] Mit dieser Klage konnte also beispielsweise auch ein Baumeister auf Schadensersatz in Anspruch genommen werden, wenn das von ihm erbaute Gebäude infolge mangelnder Sorgfalt bei seiner Errichtung zusammenbrach oder Teile von diesem abfielen und dadurch ein Schaden entstand. Haftungsauslösend war insoweit bereits leichteste Fahrlässigkeit.[100]

Das allgemeine deliktische Schadensersatzrecht konnte dem von Schadenseintritt lediglich Bedrohten jedoch häufig nicht zu seinem Recht verhelfen, da Schadensabwehr gerade nicht sein Sujet war. In besonders gravierender, weil wirtschaftlich bedeutender Weise machte sich dieser Umstand unter Grundstücksnachbarn bemerkbar. So konnte beispielsweise der Eigentümer eines durch Einsturz des Nachbargebäudes bedrohten Grundstücks regelmäßig nichts dagegen unternehmen, dass das baufällige Haus seines Nachbarn sein eigenes Grundstück ständig mit Einsturz und damit mit Schaden bedrohte. Ein schuldhaftes Verhalten des Nachbarn lag in diesen Fällen nach dem Grundsatz *Qui iure suo utitur, neminem laedit*[101] regelmäßig nicht vor, so dass für eine Anwendung der lex *Aquilia* kein Raum war.

Es scheint allerdings durchaus plausibel anzunehmen, dass man selbst im sonst so liberalen Rom den in solcher Weise bedrohten Grundstückseigentümer nicht rechtlos stellen, sondern ihm einen wirksamen Rechtsschutz zur Seite geben wollte. Dieser Schutz bestand jedoch nicht der Ausdehnung der aquilischen

---

98 Vgl. zur klassischen Datierung: Kaser, RP I, § 15 I 1 sowie § 41 IV 2 mit weiteren Nachweisen insbesondere in Fußnote 56. Ohne näheren Nachweis will Schaeffer, Haftung für Gebäudeeinsturz, S. 2, die lex Aquilia auf das Jahr 278 vor Christus datieren. Zur Normengeschichte der lex Aquilia und Versuchen einer Neudatierung vgl. Hausmaninger, Das Schadensersatzrecht der lex Aquilia, S. 8 f. m. w. Nachw.; Zusammenstellung des lateinischen Originalwortlautes aller Normen der lex Aquilia bei Bruns/Mommsen, FIRA, S. 45 f.

99 Kaser, RP I, S. 407 f.; Dernburg, Pandekten II, § 131 S. 340

100 So heißt es in der Pandektenstelle 0–9, 2, 44: *In lege Aquilia et levissima culpa venit.* Übersetzung nach Behrends u.a., CIC Text und Übersetzung II, S. 762: Unter die Lex Aquilia fällt auch die leichteste Fahrlässigkeit.

101 Übersetzung: Wer von seinem Recht Gebrauch macht, schadet niemandem.

Schadensersatzansprüche auf drohende Schäden, beispielsweise etwa im Wege einer Analogieklage. Die lex *Aquilia* sollte insoweit nicht aufgeweicht werden und blieb in ihrer Anwendbarkeit auf Verschulden beschränkt. Vielmehr entwickelten römische Prätoren ein praktikables neues Rechtsinstitut, welches diese Probleme löste und dabei gleichzeitig die bisherige zivilrechtliche Dogmatik insbesondere der weitreichenden Freiheit des Eigentumes von irgendwelchen Bindungen sowie des aquilischen Schadensersatzes unangetastet ließ, nämlich die *cautio damni infecti*.[102]

Diese stellte sich als das Versprechen dar, dem Nachbarn einen zukünftig drohenden Schaden, ein *damnum infectum*, zu ersetzen. Die Abgabe der *cautio damni infecti* in Form der Stipulation konnte nicht nur in einem selbständigen Verfahren vor dem Prätor geltend gemacht werden[103], die *cautio damni infecti* konnte vielmehr auch ohne staatliches Verfahren durch freiwillige Stipulation geleistet werden.

Mit dem Institut der *cautio damni infecti* bekam der von Gebäudeeinsturz bedrohte Grundstücksnachbar ein probates Mittel in die Hand, sich gegen ein *damnum infectum* wirksam abzusichern. Es steht zu vermuten, dass die legisaktorische *legis actio damni infecti* bei der Entwicklung der prätorischen *cautio damni infecti* zumindest Pate gestanden haben wird. Indes liegt auch der Übergang von der *legis actio damni infecti* zur *cautio damni infecti* mangels aussagefähiger Quellen im Dunkel; die Namensverwandschaft legt eine Verbindung jedoch zumindest nahe.

Ausgangpunkt dieser Überlegungen ist das bereits erwähnte Textfragment Gaius IV, 31, welches belegt, dass ausnahmsweise trotz Abschaffung des Legisaktionenverfahrens durch die *duae leges Iuliae* im Jahre 17 vor Chr. u. a. bei *damnum infectum* weiterhin im alten Lesgisaktonenverfahren, d. h. mittels der *legis actio damni infecti,* geklagt werden konnte.

Nichts wäre nun einfacher, als zu folgern, dass es dann eben um diese Zeit noch keine prätorische *cautio damni infecti* gegeben habe. Diese Konsequenz ist jedoch aufgrund der Quellenlage, auf welche sogleich noch einzugehen ist, wenig wahrscheinlich und wird denn auch, soweit ersichtlich, nicht gezogen.[104] Folgt man indes der bereits thematisierten Meinung insbesondere der Pandektisten Unterholzner und Burckhard, so ergibt sich die rechtsgeschichtliche Kontinuität ohne Bruch; war doch nach dieser Meinung schon die legisaktorische *actio damni*

---

102 Bezüglich der hier angestellten Plausibilitätserwägungen über die Schöpfung der prätorischen cautio damni infecti folge ich Schaeffer, Haftung für Gebäudeeinsturz, S. 2 ff.

103 Bekker, Aktionen II, S. 42

104 Vgl. im Ergebnis ebenso: Rainer, Römisches Bau- und Nachbarrecht, S. 138

infecti ihrem Inhalt nach auf Kautionsleistung gerichtet und damit weitgehend identisch mit der jüngeren prätorischen *cautio damni infecti*.

Die älteste bekannte, sichere Erwähnung der prätorischen *cautio damni infecti* findet sich bei Cicero im ersten Buch seiner zweiten Rede gegen Verres, Abschnittnummer 56 (bzw. nach alternativer Zählweise 146)[105]. Dort heißt es:[106]

Qui redemerit, satis det damni infecti ei qui a vetere redemptore accepit.[107]

Weitere Erwähnung findet die prätorische *cautio damni infecti* in der Topica des Cicero, Kapitel IV, § 22[108]:

Sed (at) qui in pariete communi demoliendo damni infecti promiserit, non debebit praestare, quod fornix viti fecerit.[109]

Desweiteren wird die prätorische *cautio damni infecti* in Schriften republikanischer Juristen thematisiert, wie etwa von Alfenus Varus[110].

---

105 Die beiden Reden gegen Verres entstammen dem Jahre 70 vor Chr. Zur Datierung vgl. Fuhrmann, Cicero Sämtliche Reden, Bd. III, Einführung, S. 9. Wegen des geschichtlichen Hintergrundes und der Prozeßgeschichte in diesem auch für die späte römische Republik spektakulären Repetundenprozesses vgl. Fuhrmann, aaO, S. 9 ff. Der in dem Prozeß von Cicero im Auftrag der Geschädigten angeklagte, ehemalige Statthalter (Proprätor) von Sizilien, C. Verres, hat sich auf Kosten der sizilianischen Landgemeinden und Einwohner in unglaublicher Weise unrechtmäßig bereichert und in seiner dreijährigen Amtszeit mindestens 40 Millionen Sesterzen erpresst, eine auch für die damalige Zeit außergewöhnlich hohe Summe.

106 Zitiert nach Clark, M. Tullii Ciceronis Orationes, Bd. 3, S. 55

107 Übersetzung nach Fuhrmann, aaO, S. 175: „Der Unternehmer soll für etwaigen Schaden demjenigen Sicherheit leisten, auf den die Instandhaltung (eines Gebäudes) von dem vorigen Unternehmer übergegangen ist."

108 Bei der Topica handelt es sich um eine Schrift Ciceros an seinen Freund, den Juristen Gaius Trebatius Testa, welche jener im Jahre 44 vor Christus verfaßt hat. Vgl. dazu: Zekl, Topik Marcus Tullius Cicero, S. 74; Bayer, Cicero Topica, S. 89

109 Lat. Text zitiert nach Zekl, aaO, S. 12 u. 14. Statt des „sed" findet sich ein „at" bei ansonsten gleicher Schreibweise bei Bayer, aaO, S. 18. Die Übersetzung lautet: „Wer aber beim Abriß der gemeinsamen Wand wegen damnum infectum Sicherheit geleistet hat, braucht nicht für den Schaden zu haften, welchen ein (an die gemeinsame Wand angelehntes) Gewölbe erlitten hat." Die Übersetzung erfolgte in enger Anlehnung an Rein, Privatrecht und Zivilprozeß der Römer, S. 214 und 215. Philologische neuere Übersetzungen dieser Stelle, wie Zekl, aaO, S. 15 und 15, oder Bayer, aaO, S. 19, erkennen die juristische Dimension nicht richtig und sind daher nur sehr bedingt brauchbar.

110 Alfenus Varus D. 39, 2, 43 pr.: *Damni infecti quidam vicino repromiserat:* Übersetzung in Anlehung an Otto/Schilling/Sintenis, CIC Bd. 4, S. 54: „Jemand hatte seinem Nachbarn wegen drohenden Schadens Sicherheit geleistet."

Als Primärquelle ist schließlich die aus den 40er Jahren des letzten vorchrist-
lichen Jahrhunderts stammende *lex Rubria de Gallia Cisalpina* von überragender
Bedeutung.[111] Hier finden sich im gesamten 20. Kapitel zahlreiche Bestimmungen zum Regelungskomplex der *cautio damni infecti*, wie z. B. die vollständig
ausgeprägte *stipulatio damni infecti*, das *iussum cautionis*, sowie die *actio ex stipulatu* oder die *actio ficticia*. Ausdrücklich wird auf das Edikt des *praetor peregrinus*, als Urheber des Regelungswerkes hingewiesen.[112] So heißt es in Kapitel
20, Zeilen 22 ff., der Lex Rubria:[113]

*S(ei,) antequam id iudicium q(ua) d(e) r(e) a(gitur) factum est, Q. Licinius damni in-
fectei eo nomine q(ua) d(e) a(gitur) eam stipulationem, quam is quei Romae inter pe-
regreinos ius deicet in albo propositam habet, L. Seio repromeisset: tum ... condemnato
...*

Aus dieser Quellenlage schließt man bis heute zutreffend, dass es der römische Fremdenprätor (*praetor peregrinus*) war, welcher die *cautio damni infecti*
als erster, d. h. zeitlich vor dem Stadtprätor (*praetor urbanus*), in sein Edikt aufgenommen hat[114]. Als Zeitpunkt der Aufnahme in das Edikt wird neuerdings bereits das zweite Jahrhundert vor Christus angesehen.[115]

Der Grund für die Beibehaltung der legisaktorischen *actio damni infecti* über
die *lex Iulia* hinaus dürfte nach zutreffender Ansicht interessanterweise auf das
Engste mit der Entwicklung zusammen hängen, welche die prätorische *cdi* bis zur
ausgehenden Republik genommen hat.[116] Tatsache ist, dass die großen Juristen
der späten Republik wie auch die Gesetzgebung (lex Rubria) mit einem voll aus-
gebauten System der prätorischen *cdi* vertraut waren, einem System, welches bereits die Kaution im Mittelpunkt hatte und ein *vitium aedium loci operisve* als
Voraussetzung der Kaution nannte.

Die Entwicklung der prätorischen *cdi* scheint durch ein enormes praktisches
Bedürfnis vorangetrieben worden zu sein. Die historisch urbanistische Entwick-

---

111 Vgl. zur Datierung der Lex Rubria: Bruna, Lex Rubria, S. 298, 322. Die Lex Rubria
    brachte die Einführung des römischen Prozessrechts in der Provinz Gallia Cisalpi-
    na. Vgl. dazu Bruna, Lex Rubria, S. 302

112 Vgl. Rainer, Römisches Bau- und Nachbarrecht, S. 138;

113 Zitiert nach: Bruns/Mommsen, FIRA I, S. 98. Die Übersetzung in Anlehnung an
    Bruna, Lex Rubria, S. 29 lautet: „Wenn es sich erweist, dass Q. Licinius, bevor die
    zu diesem Rechtsstreit gehörige Streiteinsetzung stattgefunden hat, dem L. Seius an-
    läßlich dieses Rechtsstreit eine cautio damni infecti promittiert hat, wie sie der Pe-
    regrinenprätor in Rom in seinem Edikt vorgesehen hat, dann soll er ... verurteilt
    werden ..."

114 Rainer, Römisches Bau- und Nachbarrecht, S. 145 f.

115 Rainer, aaO, S. 141

116 Rainer, aaO, S. 145

lung in Rom selbst wie im römischen Imperium[117] scheint eine stetige Ausdehnung und Erweiterung der prätorischen *cdi* in Bezug auf den personalen wie auch sachlichen Anwendungsbereich unumgänglich erfordert zu haben. Die ständig anwachsende Zahl der Fremden (Peregrinen) in Rom wie den römischen Siedlungen sowie die rapide Zunahme und enorme Ausdehnung der Bautätigkeit sind in Ermangelung öffentlich rechtlicher Bauvorschriften als Eckpfeiler dieser Entwicklung anzusehen.[118] Die *cdi* war als ein durchaus bedeutendes Rechtsinstitut zur angemessenen Regelung und zum Ausgleich der stark divergierenden Interessen von Bauherren einerseits und ihren Grundstücksnachbarn andererseits anzusehen. Sie wurde in den urbanen Zentren des Imperiums – insbesondere in der Metropole Rom –[119] vor dem Hintergrund zunehmender Bedeutung mittelbarer Schädigungshandlungen entwickelt und in der Praxis eingesetzt.[120]

Zur Zeit der *lex Iulia* war die *cdi* praktisch so wichtig geworden, dass man es nicht riskieren konnte, sie durch eine unbedachte Streichung der legisaktorischen *actio damni infecti* aus dem *ius civile* in ihrer weiteren Entwicklung zu gefährden. Wegen der Symbolkraft und Bedeutung des alten *ius civile* für das stark von Traditionen geprägte römische Rechtsempfinden hätte eine Streichung der Klagemöglichkeit nach legisaktorischer *actio damni infecti* die römischen Juristen zu der durchaus wahrscheinlichen, aber praktisch unerwünschten juristischen Folgerung bringen können, das Rechtsinstitut der prätorischen *cdi* sei nicht länger mit der römischen Rechtstradition vereinbar. Dies wiederum hätte mittel- bis langfristig zu einem Bedeutungsverlust bzw. gar zu einem Wegfall der prätorischen *cdi* – etwa durch Streichung aus dem prätorischen Edikt – führen können.

Der praktische Erfolg der prätorischen *cdi* war meiner Ansicht nach wohl einer der entscheidenden Faktoren, die Rechtstradition der legisaktorischen *actio damni infecti* als Rechtsquelle und Legitimation der prätorischen *cdi* in Form der *lex Iulia* fruchtbar zu machen, indem diese altehrwürdige Legisaktionenklage ausdrücklich weiterhin für zulässig und damit expressis verbis auch weiterhin zum *ius civile* zugehörig erklärt wurde, völlig unabhängig davon, ob man wirklich noch in diesem Verfahren klagte oder praktikabel klagen konnte.

---

117 Vgl dazu insbes. Rainer, aaO, § 12
118 So mit Recht Rainer, aaO, S. 145
119 Über die Einwohnerzahl Roms zur Kaiserzeit herrscht unter Historikern Streit. Zu den verschiedenen Ansichten vgl. Alföldy, Römische Sozialgeschichte, S. 86; Carcopino, Rom, S. 22 ff.; De Martino, Wirtschaftsgeschichte des alten Rom, S. 200 ff.
120 Zum wirtschaftgeschichtlichen Hintergrund der zunehmenden Bedeutung mittelbarer Schädigungshandlungen vgl. Voss, Verkehrspflichten, S. 131 ff. m. w. Nachweisen

Die antiken römischen Juristen scheinen damit die praktischen Erfordernisse ihrer „modernen Zeit", der Zeit der römischen kulturellen Hochblüte, wesentlich schärfer und genauer erkannt und juristisch praktikabel umgesetzt zu haben als dies etwa der Mehrzahl der Juristen der neuzeitlichen Moderne des 19. Jahrhunderts gelingen wollte; ein Faktum von wesentlicher Bedeutung für diese Untersuchung, auf welches noch zurückzukommen sein wird.

3.0 Die operis novi nuntiatio

3.1 Einleitung / Allgemeines

Als Rechtsinstitut von außerordentlicher Bedeutung für bauliche Tätigkeiten muß die *operis novi nuntiatio* (im folgenden *opnn*) bezeichnet werden.[1] Das römische Recht schützte den Grundstückseigentümer nicht nur durch die *cdi*. Er hatte ergänzend das Recht, gegen nachbarliche Bauarbeiten einen mündlichen Einspruch, die *opnn*, zu erheben. Erhob der Eigentümer die *opnn*, so hatte der Nachbar die Bautätigkeit unverzüglich einzustellen.[2] Derjenige, welcher die *opnn* erhebt, wird als Nuntiant bezeichnet, derjenige, welchem gegenüber die *opnn* ausgeprochen wird, als Nuntiat.[3] Die Befassung bzw. Einschaltung eines Gerichtsmagistrats war nicht erforderlich.[4] Die *opnn* konnte jederzeit erfolgen, in der Stadt wie auch auf dem Lande oder in den Provinzen des römischen Reiches.[5] Eine besondere Spruchformel ist nicht überliefert.[6] Der Nuntiant hatte unter Kalumnieneid (*iusiurandum calumniae)* zu behaupten, dass ihm durch die Bautätigkeit ein Schaden drohe.[7] Mit dem Kalumnieneid schwor der Nuntiant, nicht rechtsmissbräuchlich sondern aus Furcht vor einem drohenden Schaden zu handeln.[8]

Die durch die Verbotsmöglichkeit einer jeden Bautätigkeit dem Nuntianten eingeräumte, auf den ersten Blick beträchtlich erscheinende Machtfülle wurde

---

1 Rainer, Römisches Bau- und Nachbarrecht, S. 152
2 Ulpian D. 39, 1, 1, 16–18; Rainer, aaO, S. 152; zur Nomenklatur vgl. Süss, Verschuldensunabhängige Haftung, S. 41
3 Rainer, aaO, S. 152
4 Ulpian D. 39, 1, 1, 2: *Nuntiatio ex hoc edicto non habet necessariam praetoris aditionem.* Übersetzung in Anlehnung an Otto/Schilling/Sintenis, CIC Bd. 4, S. 10: „Bei dem Einspruch wegen Neubaus (operis novi nuntiatio) nach diesem Edikt ist es nicht notwendig, den Prätor anzugehen."
5 Ulpian D. 39, 1, 1, 3 pr.: *In provinciali etiam praedio si quid fiat, operis novi nuntiatio locum habebit.* Übersetzung in Anlehnung an Otto/Schilling/ Sintenis, CIC, Bd. 4, S. 12: „Auch wenn auf einem in der Provinz gelegenen Grundstück ein Bau errichtet wird, findet die operis novi nuntiatio statt."
6 Rainer, aaO, S. 152
7 Ulpian D. 39, 1, 5, 14: *Qui opus novum nuntiat, iurare debet non calumniae causa opus novum nuntiare.* Übersetzung in Anlehnung an Otto/Schilling/ Sintenis, CIC Bd. 4, S. 16: „Wer die operis novi nuntiatio erhebt, muß schwören, dass er es nicht aus Schikane (calumnia) tue."; Bonfante, S. 435; Lenel, Edictum Perpetuum, S. 371
8 Kaser-Hackl, Das Römische Zivilprozeßrecht, S. 214; Süss, aaO, S. 42

sowohl durch das prätorische Edikt als auch durch die römische Jurisprudenz mittels genauer Definition der Voraussetzungen der *opnn* eingeschränkt.

So war die *opnn* nur gegen ein *opus novum* zulässig. *Opus novum* ist als eine bauliche Tätigkeit zu verstehen, welche durch die beiden Tätigkeiten *aedificare* (Errichten eines Gebäudes) sowie *demoliri* (Abriß eines Gebäudes) definiert ist.[9]

Durch diese beiden Tätigkeiten mußte der ursprüngliche Zustand einer Liegenschaft verändert worden sein, nur dann lag ein *opus novum* vor.[10] Ausdrücklich ausgenommen vom Anwendungsbereich des *opus novum* waren Tätigkeiten wie die Ernte und das Baumfällen sowie unerlässliche Restaurierungsarbeiten an bestehenden Gebäuden.[11]

Die *opnn* konnte erhoben werden, solange die Bautätigkeit noch nicht abgeschlossen war. Das betreffende Bauwerk musste sich dabei entweder im Stadium der Herstellung oder des Abrisses befinden.[12]

Kontrovers beurteilt wird der Zeitpunkt, ab welchem die *opnn* frühestens erhoben werden konnte.[13] Die Spanne der vertretenen Meinungen reicht von dem Zeitpunkt der Absicht (*animus*), die bauliche Veränderung in Angriff zu nehmen, bis zum manifesten Beginn der Ausführung der Arbeiten.[14]

Die *opnn* musste stets in *re praesenti* erfolgen, d.h. nur an Ort und Stelle der baulichen Veränderung konnte wirksam nuntiiert werden.[15]

Die wichtigste und entscheidende Beschränkung ist darin zu erblicken, dass die *opnn* nur aus gewissen, genau definierten Gründen angestrengt werden konnte, welche Ulpian wie folgt referiert:

Nuntiatio fit aut iuris nostri conservandi causa aut damni depellendi aut publici iuris tuendi gratia.[16]

---

9 Ulpian D. 39, 1, 5, 12; Bonfante, S. 436; Rainer, aaO, S. 152
10 Ulpian D. 39, 1, 1, 11: *Opus novum facere videtur, qui aut aedificando aut detrahendo aliquid pristinam faciem mutat.* Übersetzung in Anlehnung an Otto/Schilling/Sintenis, CIC Bd. 4, S. 10: „Als Neubau (opus novum) wird angesehen, wenn einer durch Erbauen oder Abreißen eines Teils die vorherige Außenseite eines Gebäudes verändert."; Burckhard, Die operis novi nuntiatio: in Glück, Pandekten II/1, S. 20; Rainer, aaO, S. 152; Süss, aaO, S. 41
11 Rainer, aaO, S. 152
12 Ulpian D. 39, 1, 1, 1; Hesse, Rechtsverhältnisse, S. 365; Rainer, aaO, S. 154; Süss, aaO, S. 41
13 Rainer, aaO, S. 155; Süss, aaO, S. 41 f.
14 Einzelheiten und Meinungsnachweise s. Rainer, aaO, s. 153
15 Ulpian D. 39, 1, 5, 3; Bonfante, S. 435; Rainer, aaO, S. 153; Süss, aaO, S. 42
16 Ulpian D. 39, 1, 1, 16: Übersetzung in Anlehnung an Otto/Schilling/Sintenis, CIC Bd. 4, S. 11: „Der Einspruch wegen Neubaus (operis novi nuntiatio) findet statt, um

Demnach konnten mit Hilfe der opnn Bauarbeiten auf dem nachbarlichen Grundstück verhindert werden, wenn

1. der Nuntiant die Beeinträchtigung eines eigenen Rechts befürchtete (*operis novi nuntiatio iuris nostri conservandi causa*);
2. der Nuntiant der Auffassung war, dass öffentliches Recht durch die Bauarbeiten verletzt werde (*operis novi nuntiatio publici iuris tuendi gratia*);
3. der Nuntiant die Stipulation einer *cdi* erreichen wollte (*operis novi nuntiatio damni depellendi gratia*[17] bzw. *causa*[18]).

Von Interesse für die vorliegende Untersuchung ist lediglich die dritte Variante, auf welche im Folgenden näher eingegangen werden soll.

3.2 Die operis novi nuntiatio damni depellendi gratia

Erklärtes Ziel der *operis novi nuntiatio damni depellendi gratia* (im Folgenden: *opnn-ddg*) war die Leistung einer *cdi* durch den Nuntiaten.[19] Dieses Ziel wird von Ulpian in näherer Bestimmung des *damnum depellere* ausdrücklich genannt: *ut damni infecti caveatur.*[20]

Zum Verständnis der *opnn-ddg* muß auf die Grundsätze der *cdi* wie auch der *opnn* im Allgemeinen zurückgegriffen werden. Die Nuntiation bezweckt die unverzügliche Unterbrechung der Bauarbeiten am *opus novum*. Diese Bauarbeiten sind durch die Termini *aedificare* und *demoliri* bestimmt, welche auch auf die *cdi* Anwendung finden können.[21] Durch Kombination der jeweiligen Anwendungsbereiche der beiden Rechtsinstitute erhält man das Ergebnis, dass im Falle baulicher Tätigkeit die *opnn-ddg* zur Anwendung gebracht werden konnte, wenn aufgrund einer völlig völlig legitimen Bautätigkeit ein *damnum futurum* zu befürchten war. Die *opnn-ddg* konnte sich dabei nur auf ein *vitium operis* im Sinne eines *opus novum* beziehen.[22]

---

unser Recht zu wahren, um Schaden abzuwenden oder um öffentliche Rechte in Schutz zu nehmen."; Rainer, aaO, S. 153
17 Rainer, aaO, S. 153
18 Süss, aaO, S. 41
19 Bonfante, S. 440; Hesse, Rechtsverhältnisse, S. 387; Rainer, aaO, S. 205; Süss, aaO, S. 43
20 D. 39, 1, 1, 17; Rainer, aaO, S. 205
21 Rainer, aaO, S. 205
22 Rainer, aaO, S. 205

Bezüglich der Aktiv- und Passivlegitimation hat die Kombination der *cdi* mit der *opnn* zur Konsequenz, dass Nuntiant einer *opnn-ddg* nur derjenige sein konnte, welcher auch die *cdi* postulieren konnte; Nuntiat konnte nur sein, wer in Bezug auf die *cdi* passiv legitimiert war.[23] Soweit dies der Eigentümer des Grundstücks, auf dem die Bauarbeiten stattfanden, war, konnte dieser nicht einwenden, dass die *opnn-ddg* ihn in der Ausübung seines Eigentums beeinträchtige.[24] Insoweit ergibt sich deutlich die Eigenart der *opnn-dgg* und tritt ihre Unterscheidung zur *operis novi nuntiatio iuris nostri conservandi causa* (im folgenden: *opnn-incc*) erkennbar hervor. Mit der *opnn-incc* wurde geltend gemacht, der Bauherr verletze ein eigenes Recht (in der Regel eine Servitut[25]) des Nuntianten. Die Verbotswirkung der *opnn-incc* wurde von Prätor demgemäß nur aufrecht erhalten, wenn dem Nuntianten etwa aufgrund einer Servitut ein *ius prohibendi* (ein Verbietungs- bzw. Verhinderungsrecht) zustand.[26] Die *opnn-ddg* beruhte indessen allein darauf, dass von dem *opus* ein Schaden auszugehen drohte, für den keine Sicherheit geleistet war.[27]

Die *opnn* verbot dem Bauherrn die Fortsetzung der nuntiierten Bautätigkeit. Der Bauherr konnte sich von diesem Verbot durch Leistung der *cdi* befreien und die Bautätigkeit sodann ohne weiteres fortsetzen.[28] Der Nuntiant konnte durch die *opnn-ddg* verhindern, gegenüber einem durch Bauarbeiten verursachten Schaden schutzlos zu sein. Mit der Erlangung der *cdi* hatte der Nuntiant sein Ziel erreicht, ohne dass es der sonst unvermeidlichen Einschaltung des Gerichtsmagistrates bedurft hätte. Rechtlich erzwingbar war die *cdi* im Verfahren der *opnn-ddg* allerdings nicht. Die auf eine *opnn-ddg* geleistete *cdi* war vielmehr eine Konventionalstipulation, welche nach den allgemeinen Bestimmungen zur *cdi* als *repromissio* (Stipulation ohne Bürgensicherheit) geleistet wurde; eine *satisdatio* (Stipulation mit Bürgensicherheit) war insoweit nicht erforderlich.[29]

---

23 Rainer,aaO, S. 205
24 Süss, aaO, S. 43 m. w. Nachweisen
25 Rainer,aaO, S. 186
26 Süss, aaO, S. 43
27 Branca, S. 328; Guarino, Diritto privato romano, S. 671; Hesse, Rechtsverhältnisse, S. 387; Rainer, aaO, S. 209; Süss, aaO, S. 43 FN 172
28 Süss, aaO, S. 42 m. w. Nachweisen in FN 164
29 Rainer, aaO, S. 205

3.3 Interdiktenschutz

Setzte der Bauherr die Bautätigkeit trotz *opnn-ddg* fort, ohne *cdi* zu leisten, so handelte er gegen das prätorische Edikt *(contra edictum praetoris)*.[30] Der Prätor gewährte dem Nuntianten in diesem Fall auf Antrag das *interdictum demo-litorium*[31], mit welchem der Nuntiant berechtigt war, auf Beseitigung dessen zu klagen, was nach dem Ausspruch der *opnn-ddg* baulich errichtet worden war.[32] Dazu mußte der Nuntiant den Nuntiationsgrund, das *ius prohibendi*, lediglich be-haupten; die Rechtsfrage, ob das *ius prohibendi* de iure bestand, wurde vom Prä-tor in diesem Verfahren nicht geprüft.[33] Dies ging soweit, dass selbst derjenige Nuntiat in dem Interdiktenverfahren unterlag, welcher völlig zu Recht die bauli-chen Veränderungen durchgeführt hatte.[34]

Ergänzend zum *interdictum demolitorium* soll zum Schutze des Nuntianten nach vereinzelt vertretener Meinung auch das *interdictum quod vi aut clam* An-wendung gefunden haben, wenn aus besonderen Gründen die *opnn-ddg* nicht rechtzeitig erhoben werden konnte.[35]

Die *opnn* ist, unterstützt durch den Interdiktenschutz, damit in baurechtlichen Belangen als ein immenser Eingriff in das Eigentumsrecht des Bauherrn zu quali-fizieren, welcher auch heute noch seinesgleichen sucht. Ohne ein Recht zu haben oder dem Nuntiaten eines bestreiten zu wollen, konnte der Nuntiant lediglich mit der Behauptung, einen Schaden für sein Grundstück zu befürchten, die Bauarbei-ten des Nuntiaten mit sofortiger Wirkung abblocken. Der Nuntiat konnte diesen Baustopp außer durch Ableistung der *cdi* nach teilweise vertretener Ansicht nur durch das Rechtsmittel der *remissio*[36] abwenden.[37] Bei der remissio handelt es sich gleichsam um einen Widerspruch des Nuntiaten gegen die *opnn* des Nunti-anten, welcher vor dem Prätor zu erheben war. Die Erfolgsaussichten der *remis-sio* waren allerdings eher dürftig, da der Prätor die Nuntiation nur dann aufhob, wenn er nicht die geringste Möglichkeit eines Schadenseintritts, wie vom Nunti-anten befürchtet, erkennen konnte. Nach anderer Ansicht fand eine *remissio* ge-gen die *opnn-ddg* überhaupt nicht statt.[38]

---

30 Ulpian D. 39, 1, 20, 1; Karlowa, Römische Rechtsgeschichte II, S. 1227; Süss, aaO, S. 42 f.
31 Zur Nomenklatur vgl. Süss, aaO, S. 43 FN 166; Rainer, aaO. S. 188
32 Ulpian D. 39, 1, 20 pr.; Kaser, RP I, S. 408; Süss, aaO, S. 43
33 Rainer, aaO, S. 192 f.
34 Rainer, aaO, S. 193
35 Rainer, aaO, S. 239; Einzelheiten vgl. Rainer, aaO, S. 234 ff.
36 Die remissio ist die (vom Bauenden) erwirkte Entscheidung des Prätors (Remissions-dekret). Vgl. dazu Kaser, RP I, S. 409 b. FN 48
37 Streitig: Quellenlage vgl. Rainer, aaO, S. 206; Süss, aaO, S. 42 FN 164
38 Vgl. Nachweise bei Süss, aaO, S. 42 FN 164

Historisch gesehen bedeutet dies, dass die *opnn-ddg* schwerlich in Zeiten der Stagnation oder des wirtschaftlichen Niedergangs entstanden sein wird. Gerade die besondere Pointiertheit des Eingriffs in das Eigentum des Bauherren lässt die Vermutung sehr plausibel erscheinen, dass dieses Institut wohl eher in Zeiten des Booms, d. h. des quasi explosionsartigen Anwachsens der Städte im römischem Imperium, entstanden ist, um damit rasch und effizient den gröbsten Auswüchsen der Spekulation einen Widerpart zu leisten und so die Nachbarn vor allzu chaotischen und mangelbehafteten Bauten zu schützen.[39] In Zeiten solch fieberhaften Wachstums wäre die *opnn-ddg* jedenfalls praktisch sinnvoll gewesen, wenngleich dogmatische Bedenken gegen einen derartig gravierenden Einschnitt in das Eigentum nicht beseitigt werden konnten.[40] Die Aufnahme der *opnn-ddg* in das prätorische Edikt ist in der Literatur umstritten, die Gültigkeit zumindest für die Zeit der severischen Kaiser dürfte indes hinreichend belegt sein.[41]

---

39 So wohl mit Recht: Rainer, aaO, S. 209
40 Rainer, aaO, S. 209 f.
41 Rainer, aaO, S. 210 m. w. Nachweisen

4.0 Die cautio damni infecti im gemeinen Recht des 19. Jahrhunderts

4.1 Gerichtliche Zivilklage auf Kautionsbestellung

In der Praxis des gemeinen Rechts fand die *cdi* als rezipiertes römisches Recht Anwendung.[1] Der Antrag auf Leistung der Kaution für zukünftig eintretenden Schaden, nach römischem Recht vor dem Gerichtsmagistrat zu stellen, erfolgte in Form der ordentlichen gerichtlichen Zivilklage gegen den Grundstücksnachbarn, von dessen Grundstück die befürchtete Gefahr für das klägerische Grundstück ausging.[2] Streitig war die Anwendbarkeit der *missio in possessionem*; Kernpunkt des Streites war, ob der obsiegende Kautionskläger in den Besitz des Grundstücks des Beklagten eingewiesen werden konnte. In der Mehrzahl lehnten die pandektistischen Autoren die Anwendbarkeit des Missionenverfahrens für das gemeine Recht ab, wobei sie die Ansicht vertraten, dass eine Einweisung des Klägers in den Besitz am Grundstück des Beklagten nicht erforderlich sei, da das klagestattgebende rechtskräftige Urteil die Kautionsleistung durch den Beklagten fingiere, so dass diese einer Durchsetzung durch Zwangsvollstreckungsmittel nicht mehr bedürfe.[3] Nach dem Inkrafttreten der Civilprozeßordnung für das deutsche Reich am 01.10.1879[4] wurde die vormals herrschende zur allgemeinen Meinung. Gestützt auf § 779 CPO 1879[5] nahm man an, dass sich aus dieser Vorschrift unmittelbar die Fiktion der Kautionsleistung ergebe.[6] Der Beklagte hatte die Möglichkeit, die Rechtswirkungen dieser Fiktion zu verhindern, indem er jegliches Recht an dem Grundstück aufgab.[7] Klagantrag und ggf. Verurteilung hatten daher so zu lauten, dass der Beklagte die *cautio damni infecti* leiste oder sein Grundstück derelinquiere.[8] Galt die *cdi* aufgrund der Fiktion des § 779 CPO 1879 als geleistet oder hatte der Beklagte die *cdi* freiwillig geleistet, so hatte der

---

1   Preußisches Obertribunal in SeuffA, Bd. 31, Nr. 144; RGZ 15, 205; Süss, Verschuldensunabhängige Haftung, S. 56
2   RGZ 35, 123 (124); Obertribunal Stuttgart in SeuffA, Bd. 33 Nr. 31; Süss, aaO, S. 56 f.
3   Zum Meinungsstand vgl. Süss, aaO, S. 57 FN 240
4   Verabschiedet 1877, im folgenden CPO 1879 genannt
5   § 779 CPO 1879 ist ein Vorläufer des heutigen § 894 ZPO.
6   Süss, aaO, S. 57
7   Süss, aaO, S 57 FN 243
8   Süss, aaO, S. 57

Kläger bei Eintritt des befürchteten Schadens einen verschuldensunabhängigen Schadensersatzanspruch gegen den Beklagten, welcher ggf. eingeklagt werden konnte.[9]

Die Klage auf Leistung der *cdi* wurde als gegenüber anderen Schadensersatzklagen subsidiär behandelt. Sie war unzulässig, wenn das Gericht feststellte, dass eine andere Schadensersatzklage nach Eintritt des drohenden Schadens begründet sein würde.[10] Maßgeblich für das Konkurrenzverhältnis zwischen der *cdi* und anderen Schadensersatzklagen war eine grundlegende Entscheidung des Reichsgerichts aus dem Jahr 1892. Dort befand das Reichsgericht, dass die Bestellung einer *cdi* unstatthaft sei, wenn bereits bei Anforderung der Kautionsleistung feststehe, dass der Ersatz des befürchteten Schadens, sobald dieser eingetreten ist, auch auf andere Weise zu erwirken sei.[11] Eine solche konkurrierende Schadensersatzklage war die *actio legis Aquiliae*, welche ebenfalls als rezipiertes römisches Recht Eingang in das gemeine Recht gefunden hatte.[12] Die aquilische Klage setzte nach dem Vorbild der römischen Quellen eine schuldhafte Sachbeschädigung voraus, ein *damnum iniuria datum*.[13] Als haftungsbegründende Tathandlung erforderte die *lex Aquilia* eine unmittelbare körperliche Einwirkung des Täters auf einen körperlichen Gegenstand, ein *damnum corpore corpori datum*, wie man es im gemeinen Recht ausdrückte.[14] Tätigkeiten, die der Nachbar innerhalb seiner Grundstücksgrenzen vornahm, wie etwa eine Bodenvertiefung, waren mangels Unmittelbarkeit nicht als *damnum corpore corpori datum* zu qualifizieren und daher von der aquilischen Klage nicht erfasst.[15]

Anders als nach römischem Recht war auch die actio negatoria grundsätzlich geeignet, die Klage auf Kautionsleistung auszuschließen. Dieser Unterschied ergibt sich daraus, dass die gemeinrechtliche Rechtsprechung dem Kläger gestattete, mit der *actio negatoria* ausnahmsweise den vor Klageerhebung entstandenen Schaden geltend zu machen, soweit der Beklagte schuldhaft gehandelt hatte; diese Vorgehensweise war nach römischem Recht nicht möglich.[16]

In der gemeinrechtlichen Praxis hatte die Subsidiarität der Kautionsklage nur eine vergleichsweise geringe Bedeutung, da die Schuldhaftigkeit der drohenden

---

9 Süss, aaO, S. 57
10 Windscheid, Pandekten II[9], § 455
11 RGZ 30, 114 (115); OLG Celle in SeuffA Bd. 51, Nr. 8
12 RGZ 10, 132 (134); Oberstes Landesgericht für Bayern in SeuffA Bd. 16, Nr. 276; OAG Jena in SeuffA Bd. 16, Nr. 114; Hasse, Die Culpa des Römischen Rechts, S. 30; Pernice, Zur Lehre von den Sachbeschädigungen, S. 144 f., 152
13 Süss, aaO, S. 58
14 Kleindiek, Deliktshaftung, S. 42
15 Süss, aaO, S. 58
16 Süss, aaO, S. 58

Eigentumsstörung bereits bei Erhebung der Kautionsklage feststehen musste; nur in diesem relativ selten auftretenden Fall war die Kautionsklage unstatthaft.[17]

4.2 Voraussetzungen des Kautionsanspruchs

Die Voraussetzungen des Anspruchs auf Bestellung der *cdi* hat das Reichsgericht in einem grundlegenden Urteil aus dem Jahre 1894 folgendermaßen bestimmt:

> „Allerdings hängt nach den Gesetzen (D 39,1, 2, 19 § 1) die Durchführung des Kautionsanspruches nicht von der Darlegung einer objektiven Gefährdung des Antragstellers ab, es genügt vielmehr regelmäßig, wenn die Gefährdung subjektiv als bevorstehend gefürchtet wird."[18]

Weiter führte das Reichsgericht aus, der Schadenseintritt dürfe nicht auf der Einbildung des Antragstellers beruhen, sondern müsse die nachvollziehbare Furcht besonnener Menschen sein.[19]

Unter genau gleichen Voraussetzungen wurde schon die römisch-rechtliche *cdi* vor dem Prätor geltend gemacht; auch hier bedurfte es nicht des Bestehens der objektiven Gefahr eines Schadenseintritts, es genügte die subjektive Gefahrenbefürchtung des Antragstellers, welche nur nicht schlechthin ausgeschlossen sein durfte.[20]

Während der Postulant nach römischem Recht den Kalumnieneid zu leisten hatte, musste der Kläger in dem gemeinrechtlichen Verfahren die Gefährdung gem. § 266 CPO 1879[21] glaubhaft machen.[22] Das Verfahren der Kautionsbestellung verlief rasch und summarisch.

Die *cdi* wegen eines *vitium operis* konnte verlangt werden, wenn von dem Betrieb einer Anlage oder einer Bautätigkeit ein Schaden auszugehen drohte.[23] Die Darlegung des *vitium operis* hatte denkbar geringe Voraussetzungen. So kam es nicht darauf an, ob der Nachbar die betreffende Bautätigkeit sorgfaltswidrig vor-

---

17 RGZ 30, 114 (117); Süss, aaO, S. 58
18 RGZ 35, 123 (125); Süss, aaO, S. 59
19 RGZ 35, 123 (125 f.); Süss, aaO, S. 59
20 s. Darstellung zu 2.0 dieser Arbeit; Süss aaO, S. 33 f.
21 § 266 CPO 1879 hat folgenden Wortlaut:
Wer eine thatsächliche Behauptung glaubhaft zu machen hat, kann sich aller Beweismittel, mit Ausnahme der Eideszuschiebung, bedienen, auch zur eidlichen Versicherung der Wahrheit der Behauptung zugelassen werden. Eine Beweisaufnahme, welche nicht sofort erfolgen kann, ist unstatthaft.
Diese Vorschrift entspricht inhaltlich dem heutigen § 294 ZPO.
22 Süss, aaO, S. 59
23 Süss, aaO, S. 59

nahm.[24] Es genügte zur Begründung des Kautionsanspruchs, dass ein Schaden aufgrund des ordnungsgemäßen Betriebs einer nachbarlichen Anlage befürchtet wurde; das Fehlen erforderlicher Vorkehrungen zur Schadensverhütung musste nicht dargelegt werden.[25]

4.3 Schadensersatzklage aufgrund geleisteter cautio damni infecti

Bei Eintritt des befürchteten Schadens konnte aufgrund der freiwillig geleisteten bzw. durch das Urteil im Kautionsprozeß fingierten *cdi* auf Schadensersatz geklagt werden. Im Rahmen dieser Schadensersatzklage musste der Kläger das *vitium* und dessen Ursächlichkeit für den eingetretenen Schaden beweisen.[26]

Der Nachweis des *vitium* war an unterschiedlich strenge Voraussetzungen geknüpft und hing davon ab, ob eine Bautätigkeit oder der Betrieb einer Anlage den Schaden verursacht hatten, oder aber der Einsturz eines Gebäudes oder anderen Bauwerks ursächlich waren.

Einfacher war der Nachweis in den beiden zuerst genannten Fällen, in denen ein *vitium operis* Gegenstand der Schadensersatzklage war. Der Kläger musste hier beweisen, dass der durch die Bautätigkeit oder den Betrieb der Anlage verursachte Schaden objektiv nicht unabwendbar gewesen ist.[27] Dies war regelmäßig dann der Fall, wenn der Bauherr den Schadenseintritt durch zweckmäßige Maßnahmen hätte verhindern können.[28] Ein Verschulden des Bauherrn war nicht erforderlich.[29] Streitig war in diesem Zusammenhang, ob der durch ein *vitium operis* verursachte Schaden schon dann als abwendbar anzusehen war, wenn er durch völlige Unterlassung der Ausführung des Werkes hätte verhindert werden können.[30] Das Reichsgericht hatte diese Frage offen gelassen.[31]

---

24 Windscheid, Pandektenrecht Bd. 2, § 460, Nr. 1; Süss, aaO, S. 59 FN 260
25 Appellationsgericht Celle in SeuffA, Bd. 35 (1879), Nr. 32 m. w. Nachweisen; Süss, aaO, S. 59
26 Dernburg, Pandekten Bd. 1, § 231, 1, S. 545; Windscheid, Pandektenrecht Bd. 2, § 459, 1, S. 654. Außerdem musste der Kläger sein Eigentum an dem Grundstück beweisen; Sintenis, Practisches Gemeines Zivilrecht, § 127 III, N. 47; vgl. auch Süss, aaO, S. 60
27 RGZ 35, 148 (152); Süss, aaO, S. 60
28 Süss, aaO, S. 60; ähnlich: Burckhard, Die cautio damni infecti, in: Glück, Pandectenkommentar, Bd. 39/40, 2. Teil S. 136; Hesse; Rechtsverhältnisse, S. 41; Werr, Das Recht des Eigentümers zur Vertiefung seines Grundstücks, S. 27
29 RGZ 35, 148 (152); Randa, Eigenthumsrecht, Bd. 1, 2. Aufl. 1893, § 6, S. 138; Süss, aaO, S. 60
30 *Dafür:* Dernburg, Pandekten Bd. 1, § 230, 2, S. 544; Windscheid, Pandektenrecht Bd. 2, § 460 Nr. 4, S. 658;

Beruhte der Schaden hingegen auf dem Einsturz eines Gebäudes (*aedes*) oder eines anderen Bauwerks (*opus iam factum*), so war die Schadensersatzklage nur dann begründet, wenn ein *vitium aedium* bzw. ein *vitium operis* objektiv vorlag. Der Kläger musste zu diesem Zweck einen Mangel an Standsicherheit des Bauwerks bzw. Gebäudes vortragen und ggf. beweisen.[32]

4.4 Die cautio de praeterito damno

Die Regeln über die *cautio de praeterito damno* fanden im gemeinen Recht Anwendung.[33]

Rechtsprechung und gemeinrechtliche Literatur beschäftigten sich in diesem Zusammenhang vor allem mit der Frage, unter welchen Umständen und Voraussetzungen ein *impedimentum* anzunehmen sei. Das *impedimentum* war, ebenso wie im antiken römischen Recht, zentrale Voraussetzung für die Gewährung der *cautio de praeterito damno*.[34] Die Literatur folgerte aus den bereits thematisierten Fragmenten, dass die Versäumung der Klage auf die *cdi* durch gerechte Gründe entschuldigt sein müsse.[35] Es wurde verlangt, dass unvermeidliche Hindernisse vorgelegen hatten, andernfalls sollte dem Geschädigten die Schadensersatzklage *de praeterito damno* nicht zustehen, da die Postulation der *cdi* in solchen Fällen aus Nachlässigkeit unterblieben sei.[36] Als Beispiele für beachtliche Hindernisse (*impedimenta*) wurden Abwesenheit des Geschädigten sowie die schleunige Entwicklung der Ereignisse genannt.[37] Die Erläuterungen zu den o. g. Fragmenten beschränkten sich auf eine sinngemäße Wiedergabe der bereits im antiken römischen Recht geltenden beiden Fallgruppen, nämlich „*quia rei publicae aberat*" sowie „*propter angustias temporis*".

Soweit ersichtlich bemühten sich lediglich Dernburg und Burckhard um eine Abgrenzung zwischen *impedimenta* und unbeachtlichen Umständen. Dernburg vertrat dabei die Auffassung, dass dem Geschädigten die *cautio de praeterito damno* auch dann zustehe, wenn dieser die Gefahr eines Schadenseintritts nicht

---

Dagegen: Brinz, Lehrbuch des Pandektenrechts, § 172, S. 672; Burckhard, aaO, S. 136, 139
31 RGZ 35, 148 (151 f.); Süss, aaO, S. 60
32 Dernburg, Pandekten Bd. 1, § 231, 1, S. 545; Windscheid, Pandektenrecht Bd. 2, § 459, 1, S. 654; Süss, aaO, S. 60
33 Süss, aaO, S. 61
34 Vgl. Darstellung zu 2.6 dieser Arbeit
35 Nachweise bei Süss, aaO, S. 63 FN 278
36 Nachweise bei Süss, aaO, S. 63 FN 280
37 Süss, aaO, S. 63 FN 280 und 281

habe erkennen können.[38] Dernburg begründete seine von den antiken Quellen sowie der gemeinrechtlichen Rechtsprechung abweichende Meinung[39] mit der Überlegung, dass einem Geschädigten, welcher die *cdi* infolge Unerkennbarkeit der Gefahr nicht habe rechtzeitig postulieren können, eine Nachlässigkeit im Sinne des Fragments D 39, 2,8 nicht vorwerfbar sei.[40]

Burkhard stellte sich demgegenüber ganz auf den Standpunkt der herrschenden Literaturmeinung und der gemeinrechtlichen Rechtsprechung, indem er die Meinung vertrat, die *cautio de praeterito damno* könne nur verlangt werden, wenn die Klage auf die *cdi* infolge von äußeren Hindernissen unterblieben sei.[41]

Im Verständnis der antiken römischen Juristen war ein *impedimentum* in der Tat ein äußeres Hindernis. Unkenntnis des Geschädigten von der Gefahr eines Schadenseintritts reichte dazu nicht aus.[42] Der Grund für dieses objektivistisch geprägte Verständnis des *impedimentum* lag darin begründet, dass der Postulant aufgrund des summarischen Verfahrens der Kautionsbestellung die *cdi* auf bloßen Gefahrenverdacht hin postulieren konnte; er musste dazu lediglich ein *vitium* und das Drohen eines Schadens als möglich darlegen und dies durch Ableistung des Kalumnieneides bekräftigen.[43]

Die Rechtslage nach gemeinem Recht stellt sich durchaus ähnlich dar. Die gemeinrechtliche Klage auf Kautionsbestellung in Gestalt der *cautio de praeterito damno* war begründet, wenn der Kläger glaubhaft machte, den Eintritt eines Schadens als subjektiv bevorstehend zu befürchten.[44] Einer Kenntnis der Gefahr bedurfte der Kläger wie nach römischem Recht nicht, da er die *cdi* auch im gemeinen Recht auf Verdacht verlangen konnte.[45]

Die Maßstäbe der Schadensersatzklage in Gestalt der *cautio de praeterito damno* waren mithin auch im gemeinen Recht Kürze der Zeit und Ortsabwesenheit aus besonderem Grund. Nach herrschender Meinung nicht ausreichend war die Unkenntnis des Geschädigten, da sie im Gegensatz zu den beiden vorgenannten *impedimenta* nicht äußerer, objektiver Natur war.

---

38 Dernburg, Pandekten Bd. 1, § 231, 5, S. 547; Süss, aaO, S. 63
39 vVgl. etwa OAG Lübeck, SeuffA Bd. 32, Nr. 247
40 Dernburg, Pandekten Bd. 1, § 231, Nr. 21; Süss, aaO, S. 63 f.
41 Burckhard, Pandekten II, S. 22 u. 628; Süss, aaO, S. 64
42 Süss, aaO, S. 64
43 Süss aaO, S. 64; s. Darstellung zu 2.2 und 2.5 dieser Arbeit
44 Süss, aaO, S. 64; RGZ 35, 123 (125)
45 Süss, aaO, S. 64

5.0 Die Nicht-Erweiterung des Anwendungsbereichs der cautio damni infecti im gemeinen Recht

Obwohl die *cdi* in der forensischen Praxis des gemeinen Rechts, wie gezeigt, durchaus Anwendung fand, so ist doch festzustellen, dass dieses Institut – zumindest in seiner überkommenen, rezipierten Form – für die Weiterentwicklung des gemeinen Rechts nicht prägend wurde. Namentlich vermisst man die für prägende, in die Zukunft weisende Rechtsinstitute so typische Weiterentwicklung ihres Anwendungsbereiches im Wege der Analogie. Solche Erweiterungen oder Weiterentwicklungen des klassischen Anwendungsbereichs findet man bei der *cdi* gerade nicht. Es ist vielmehr festzustellen, dass die gemeinrechtliche Rechtsprechung sich bietende Möglichkeiten, den praktischen Anwendungsbereich der *cdi* auszuweiten, geradezu systematisch nicht genutzt hat. Beispiele dafür finden sich insbesondere in drei paradigmatischen Gerichtsentscheidungen, welche im Folgenden dargestellt werden sollen. Die *cdi* ist andererseits durchaus Gegenstand der rechtswissenschaftlichen Forschung in der Pandektistik, diese befasst sich allerdings vorrangig und nahezu ausschließlich mit der Rekonstruktion des römisch-rechtlichen Instituts der *cdi* sowie mit Fragen des Umfangs der Rezeption und der Fortgeltung im gemeinen Recht. Auf die Gründe für dieses augenfällige allgemeine Desinteresse von gemeinrechtlicher Literatur und Rechtsprechung an einer Weiterentwicklung der *cdi* wird noch gesondert zurückzukommen sein.

5.1 Das Urteil des OLG Hamburg vom 29.03.1890

In seiner Entscheidung vom 29.03.1890 hatte das OLG Hamburg[1] über die Schadensersatzklage einer Passantin zu entscheiden, die sich durch einen Pfosten verletzt hatte, welcher sich aus einem schadhaften Fenster im Treppenflur des dritten Stockwerks eines privaten Hauses abgelöst hatte und auf die auf der Straße vorbeigehende Klägerin gestürzt war. Die beklagte Eigentümerin des Hauses hatte zum Zeitpunkt des Unfalls Kenntnis von der Mangelhaftigkeit des Fensters, wollte die Reparatur allerdings erst am folgenden Wochenende durchführen lassen.

Das OLG Hamburg gab der Klage statt und führte zur Begründung aus, dass die Beklagte mit ihrem Zuwarten bezüglich der Reparatur des schadhaften Fensters die pflichtschuldige Aufmerksamkeit verletzt habe, welche ihr als Eigentü-

---

1 OLG Hamburg in SeuffA Bd. 46, Nr. 17

merin eines an einer öffentlichen Straße belegenen Grundstücks oblag. Das OLG erblickte in dem Unterlassen von geeigneten Maßregeln zur umgehenden Beseitigung und Vorbeugung vor Gefahren ein schuldhaftes Verhalten der Beklagten, welches diese nach dem aquilischen Gesetz zum Schadensersatz verpflichte. Die Beklagte, so das OLG in seinen weiteren Ausführungen, sei in der Lage gewesen, die Möglichkeit der eingetretenen Körperverletzung vorauszusehen, und habe die Verpflichtung gehabt, diese Gefahrenmöglichkeit unverzüglich auszuschließen, soweit dies in ihren Kräften stand. Indem es die Beklagte habe geschehen lassen, dass die ordnungsgemäße Reparatur des schadhaften Fensters mehrere Tage hinausgeschoben wurde, habe sie ungenügend und fahrlässig gehandelt. Die Beklagte werde daher mit Recht auf Schadensersatz in Anspruch genommen.[2]

Das Bemerkenswerte an dieser Entscheidung ist zum einen, dass das OLG Hamburg den Schadensersatzanspruch der Klägerin auf die *lex Aquilia* stützt, zum anderen, dass die Entscheidung mit keinem Wort auf die Grundsätze der *cdi* eingeht. Die *lex Aquilia* war in ihrer tradierten Form auf Fälle dieser Art nicht anwendbar. Die traditionelle aquilische Unterlassungshaftung des gemeinen Rechts setzte nämlich voraus, dass die Pflicht zum schadensverhütenden Tätigwerden aus Gesetz, Vertrag oder Ingerenz ableitbar war.[3] Dies war vorliegend gerade nicht der Fall. Weder war der Fensterpfosten aufgrund vorangegangenen Handelns der Beklagten schadhaft geworden, noch bestand in casu eine gesetzliche oder vertragliche Pflicht zur Reparatur schadhafter Gebäudeteile.[4] Die *cdi* in ihrer tradierten Form war vorliegend ebenfalls nicht anwendbar, da weder ein vorgängiges Versprechen auf Ersatz künftiger Schäden vorlag noch die Klägerin als Passantin ohne dingliche Berechtigung an einem Nachbargrundstück zum aktiv legitimierten Personenkreis gehörte.[5] Eine Erweiterung des Anwendungsbereichs oder zumindest eine Auseinandersetzung über diese Möglichkeit hätte man angesichts der nicht zu übersehenden Sachnähe des vorliegenden Rechtsfalls zum Anwendungsbereich der *cdi* von einem Obergericht, wie dem OLG Hamburg, eigentlich erwarten können.

5.2 Das Urteil des Appellationsgerichts Celle vom 14.02.1879

Die mangelnde Bereitschaft der gemeinrechtlichen Rechtsprechung, eine Weiterentwicklung der *cdi* in geeignet erscheinenden Fällen zumindest zu erwägen, ma-

---

2 OLG Hamburg in SeuffA Bd. 46, Nr. 17
3 Kleindiek, Deliktshaftung, S. 68
4 Kleindiek, Deliktshaftung, S. 68
5 Kleindiek, Deliktshaftung, S. 70

nifestiert sich in einer noch älteren Entscheidung des Appellationsgerichts Celle vom 14.2.1879.[6]

Dieses Gericht hatte über eine Schadensersatzklage infolge eines Unfalls zu entscheiden, welcher sich beim Bau des Staatsbahnhofs Hannover zugetragen hatte. Zur Sicherung der Baustelle war zu einer öffentlichen Straße hin ein Bauzaun aus Holz errichtet worden, in welchen eine Tür eingelassen war. Diese Tür hatte sich aus ihrer Verankerung gerissen und war wahrscheinlich durch heftigen Wind auf die Straße getragen worden, wo sie den gerade dort vorbei kommenden Kläger erfasste und erheblich verletzte. Das Appellationsgericht Celle gab der Schadensersatzklage statt und stützte diese letztendlich erneut auf die *lex Aquilia*, und zwar wiederum in Analoganwendung, da das aquilische Gesetz nach tradierter Lesart nicht direkt anwendbar war.

Denn auch vorliegend war kein Fall einer anerkannten Fallgruppe der aquilischen Unterlassenshaftung, welche Gefahrabwendungspflichten aus Ingerenz, Gesetz oder Vertrag voraussetzte, gegeben.[7] Namentlich verneinte das Gericht eine Schadensersatzhaftung aus Ingerenz, da, so das Gericht, die Errichtung eines Bauzauns mit einer Tür darin an sich keine gefährliche Handlung darstelle, welche die Beklagte ohne weiteres zur Beachtung besonderer Vorsichtsmaßregeln zur Schadensabwehr hätte verpflichten können.[8] Für erheblich erachtete das Gericht jedoch die Tatsache, dass die Tür im Bauzaun schon wochenlang vor dem Unfall ohne Befestigung gewesen und zweimal umgefallen war, sowie dass die Beklagte davon Kenntnis hatte. Daraus leitete das Gericht in Wertungsparallele zur anerkannten Fallgruppe der aquilischen Unterlassenshaftung aus Ingerenz die Haftung der Beklagten ab. Wenn, so das Gericht, die von der Beklagten hergerichtete Vorkehrung (Tür im Bauzaun) während ihres Bestehens oder Gebrauchs eine gefahrdrohende Beschaffenheit angenommen hat und der Beklagten dies bekannt geworden ist, dann wäre die Beklagte verpflichtet gewesen, Maßregeln zum Schutz der Passanten zu treffen, wie wenn die Beklagte von vornherein eine von Hause aus gefährliche Anlage errichtet hätte.

Im Unterschied zum OLG Hamburg hat sich das Appellationsgericht Celle jedoch auch mit der sachlich als Analoganwendung ebenfalls in Frage kommenden *cdi* beschäftigt. Das Gericht hat es indessen bei einer Verneinung der Anwendbarkeit der *cdi* in ihrer tradierten, gemeinrechtlich geltenden Ausprägung belassen, indem es, de lege lata durchaus zu Recht, darauf hinwies, dass dem Kläger als einfachem Passanten prinzipiell die notwendige Aktivlegitimation für

---

6 AppG Celle in SeuffA Bd. 35 Nr. 287
7 Kleindiek, Deliktshaftung, S. 68
8 AppG Celle in SeuffA Bd. 35 Nr. 287

die *cdi* fehlte. Weiterführende Gedanken, wie etwa den Ansatz zu einer Analoganwendung, sucht man allerdings auch beim Appellationsgericht Celle vergebens.

5.3 Das Urteil des Reichsgerichts vom 23.05.1885

Die Gründe für das auffällige Schweigen beider Obergerichte, OLG Hamburg
sowie Appellationsgericht Celle, zur Möglichkeit einer Erweiterung des sachlichen
Anwendungsbereiches der *cdi* erhellen sich durch Berücksichtigung des Urteils
des Reichsgerichts vom 23.05.1885.[9]

Das Reichsgericht hatte in diesem Fall über eine Schadensersatzklage zu entscheiden, welche gegen die Mieterin eines Hauses angestrengt worden war. Die
Mieterin hatte einen Maurer mit der Einfügung eines eisernen Fensters in das
Dach des Mietshauses beauftragt. Dem Maurer war der schwere Fensterrahmen
beim Versuch des Einhängens entglitten, der Fensterrahmen war anschließend
auf die Straße gefallen und hatte dabei einen Passanten so schwer verletzt, dass
dieser später an den Folgen der Verletzung verstarb. Die noch von dem Verletzten selbst zu Lebzeiten erhobene und nach seinem Tode von seinen Erben fortge-
führte Schadensersatzklage wurde in erster Linie auf die *actio de deiectis vel effusis* und hilfsweise auf die *lex Aquilia* gestützt.

Nach der *actio de deiectis vel effusis* haftete der Bewohner eines an einem
gangbaren Weg gelegenen Hauses oder einer solchen Wohnung für den Schaden,
der durch das Hinauswerfen von Gegenständen oder durch das Ausgießen von
Flüssigkeiten aus seinem Haus bzw. seiner Wohnung verursacht wurde.[10] Die *actio de deiectis vel effusis* geht zurück auf das prätorische Edikt.[11]

Eine aquilische Haftung der beklagten Wohnungsinhaberin scheiterte an
mangelndem Verschulden. Die Beklagte hatte den Fensterrahmen selbst nicht fallen gelassen und musste sich auch nicht das Verschulden des von ihr beauftrag-
ten, selbständig arbeitenden Maurers zurechnen lassen.[12]

Das Reichgericht untersuchte die Frage, ob die Beklagte als Bewohnerin der
Wohnung, aus welcher der Fensterrahmen gefallen war, ohne eigene Schuld nach
dem Recht der *actio de deiectis vel effusis* zur Schadensersatzhaftung herangezogen werden konnte und verneinte dies. Zwar sei das Fallenlassen des Fensterrah-
mens, so das Reichsgericht, einem Hinauswerfen gleichzusetzen. Dennoch sah
das Reichsgericht das Edikt vorliegend als nicht anwendbar an, da die *actio de*

---

9   RGZ 13, 212; Kleindiek, Deliktshaftung, S. 76 FN 185
10 Wortlaut Edikt: Ulpian D. 9, 3, 1 pr.; Wittmann, Körperverletzung, S. 63 f.
11 Vgl. dazu im Einzelnen 6.2.1.1.2 dieser Arbeit.
12 Kleindiek, aaO, S. 77

deiectis vel effusis dort nicht anwendbar sei, wo von einer Schuld des Wohnungs-inhabers niemals die Rede sein könne. Bei Anwendung dieser einschränkenden Auslegung verneinte das Reichgericht die Haftung der beklagten Wohnungsinha-berin aus der *actio de deiectis vel effusis*, da ihr das Fehlverhalten des in ihrer Wohnung arbeitenden selbständigen Handwerkers niemals zum Verschulden ge-reichen könne; denn das Vertragsverhältnis der Beklagten mit dem Handwerker (Maurer) begründe für die Beklagte weder Überwachungspflichten, noch eröffne es eine Berechtigung der Beklagten zu Einflussnahme auf die Art der Ausführung der handwerklichen Arbeiten.[13]

Die vom Reichsgericht in dieser Entscheidung angenommene Haftungsvor-aussetzung individueller Schuld des Wohnungsinhabers stand jedoch mit der im gemeinen Recht herrschenden Interpretation der *actio de deiectis vel effusis* im Widerspruch, wonach der Wohnungsinhaber für die schädigende Handlung ohne jegliche Rücksicht darauf haftete, ob ihn selbst ein Verschulden traf oder nicht.

Auch aus geleisteter *cdi* wird ohne Rücksicht auf Verschulden des Verspre-chenden gehaftet, so dass sich bei Lektüre der Reichsgerichtsentscheidung zur *actio de deiectis vel effusis* die Vermutung ergibt, dass die gemeinrechtliche Rechtsprechung und Literatur nicht nur einer Weiterentwicklung der *cdi* sehr skeptisch gegenüber standen, sondern dass diese Skepsis auch anderen gemein-rechtlichen Haftungsinstituten galt, soweit diese eine verschuldensunabhängige Schadensersatzhaftung vorsahen, wie neben der *cdi* etwa auch die *actio de deic-tis vel effusis*. Andererseits schien einer Weiterentwicklung der verschuldensab-hängigen Schadensersatzhaftung *ex lege Aquilia* im gemeinen Rechts durchaus weniger Widerstand entgegenzustehen. Dieser Befund soll im Folgenden näher überprüft werden, wozu insbesondere näher auf das Verhältnis von Verschul-denshaftung zur verschuldensunabhängigen Haftung im 19. Jahrhundert einzuge-hen ist.

---

13 RGZ 13, 212, 213 f.

6.0 Verschuldenshaftung und verschuldensunabhängige Haftung im gemeinen Recht

Im Jahre 1898 schrieb Gustav Rümelin:[1]

„Culpahaftung oder Causalhaftung – soll nur derjenige für einen eingetretenen Schaden haften, der ihn verschuldet hat, oder genügt die bloße Verursachung, um an dieselbe die Schadensersatzverpflichtung zu knüpfen? Verschuldens- oder Verursachungsprinzip – diese Frage wird gegenwärtig außerordentlich lebhaft verhandelt und das Problem ist vielleicht das wichtigste und bedeutungsvollste, mit dem wir uns überhaupt auf dem Gebiet des Zivilrechts zu beschäftigen haben.“[2]

Die Einstellung zur Bedeutung des Verschuldensprinzips und, daraus abgeleitet, seines Verhältnisses zum Verursachungsprinzip ist im 19. Jahrhundert – wie das vorgenannte Zitat belegt – Gegenstand einer lebhaften und lang andauernden Diskussion gewesen, welche sich bis weit in das 20. Jahrhundert erstreckt hat und welche auch heute noch nicht als beendet angesehen werden kann.[3] In dieser Diskussion spielen einerseits die tradierten Institute des römisch–gemeinen Rechtes der Verschuldenshaftung – *lex Aquilia* – sowie der verschuldensunabhängigen Haftung – Quasi–Delikte – eine Rolle. Andererseits tauchen bereits im 19. Jahrhundert moderne spezialgesetzliche Gefährdungshaftungstatbestände auf, welche ebenfalls in dieser Diskussion ihren Platz einnehmen.

Zum besseren Verständnis dieser für die vorliegende Untersuchung wichtigen Diskussion sollen die vorgenannten Haftungstatbestände zunächst näher erläutert werden.

6.1 Verschuldenshaftung im römisch-gemeinen Recht: Die lex Aquilia

Die deliktische Verantwortlichkeit im gemeinen Recht des 19. Jahrhunderts gründete maßgeblich auf der römisch-rechtlichen *lex Aquilia*[4], einem auf den Volks-

---

1   Rümelin, Culpahaftung und Causalhaftung, AcP 88 (1898), 285 ff.
2   Rümelin, aaO, S. 285
3   Schmidt-Salzer, Verschuldensprinzip in FS Steffen 1995, S. 429
4   Zur lex Aquilia s. Hausmaninger, Das Schadensersatzrecht der lex Aquilia, S. 7 ff.; Kaser, RP I, § 41 IV 2 (S. 161 f.), § 144 (S. 619 ff.); Honsell, Römisches Recht, § 60; Zimmermann, Law of Obligations, S. 953. Zur Textrekonstruktion s. Lübtow, Untersuchungen, S. 19, 21; Pernice, Sachbeschädigungen, S. 11 ff.

tribun Aquilius zurückgehenden Plebiszit.[5] Die *lex Aquilia* hatte die schuldhafte Schadenszufügung an körperlichen Sachen zum Gegenstand und den Charakter einer gemischten Strafklage; sie diente zugleich dem Entschädigungsinteresse des Geschädigten sowie der Bestrafung des Schädigers.[6] Die Haftung nach *lex Aquilia* war ursprünglich auf eng umschriebene Ausnahmefälle beschränkt und wurde im Laufe der Zeit durch die Zuerkennung ergänzender Klagen zunehmend ausgedehnt.

6.1.1 Die römisch-rechtliche lex Aquilia und ihre Erweiterungen

Im ersten Kapitel der *lex Aquilia* wurde dem Eigentümer eines zu Unrecht getöteten Sklavens oder einer ebensolchen Sklavin oder eines vierfüßigen Herdentieres Ersatz des Schadens (*damnum*) in Geld gewährt, welcher sich auf den Höchstwert der Sache (körperliche Gegenstände, Sklaven und Tiere) im letzten Jahr vor der Verletzungshandlung belief.[7] Das dritte Kapitel der *lex Aquilia* gewährte Ersatz des Schadens, welcher durch unrechtmäßiges Brennen (*urere*), Brechen (*frangere*) oder Zerreißen (*rumpere*) gefügt wurde.[8]

Dabei bezog sich das dritte Kapitel ursprünglich wohl nur auf die aus dem ersten Kapitel bekannten Sklaven oder vierfüßigen Herdentiere und ist erst später allmählich auf alle körperlichen unbelebten Gegenstände (*omnes res quae anima carent*) ausgedehnt worden.[9] Für den in Geld zu ersetzenden Wert der Sache war nach herkömmlicher Interpretation auf den Wert der Sache innerhalb der letzten 30 Tage vor der Tat abzustellen[10], nach abweichender Meinung bezieht sich die 30-Tages-Frist auf den Zeitraum nach der Verletzungshandlung.[11] Als haftungsbegründende Tathandlung erforderte die *lex Aquilia* ursprünglich eine unmittelbare körperliche Einwirkung des Täters auf einen körperlichen Gegenstand.[12]

Diese engen Haftungsgrenzen sind jedoch ausgedehnt worden. So fiel unter Tötungshandlung im Sinne des ersten Kapitels (*occidere*) nicht mehr nur die gewaltsame und direkte Todesverursachung sondern auch die gewaltlose Tötung in-

---

5 Vgl. dazu 2.7.2 dieser Arbeit, dort FN 98
6 Kaser, RP I, § 117 I (S. 501 f.); Dernburg, Pandekten II, § 386 (S. 821 f.)
7 Gaius D. 9, 2, 2 pr.; Gaius Inst. 3, 210
8 Ulpian D. 9, 2 , 27, 5; Kaser RP I, S. 161
9 Gaius Inst. 3, 217; vgl. dazu: Lübtow, Untersuchungen, S. 24, 110; Wittmann, Körperverletzung, S. 98 ff.
10 Kaser, RP I, § 144, S. 620
11 Vgl. dazu Hausmaninger, Schadensersatzrecht, S. 32 f. m. w. Nachw.
12 Gaius Inst. 3, 219: *si quis corpore suo damnum dederit*. Übersetzung: Wenn jemand den Schaden durch seinen Körper zugefügt hat.

folge Einflößens oder Einreibens.[13] Im dritten Kapitel wurde durch extensive Auslegung *rumpere* zu einem umfassenden Oberbegriff, welcher über die ursprüngliche Bedeutung des Zerreißens hinaus jedwede Zerstörung oder Beschädigung einer Sache erfasste.[14] Beispiele sind etwa das Verderben-Lassen oder Ausschütten von Wein oder das In-den-Fluß-Schütten von Getreide.[15]

Voraussetzung für die *actio directa legis Aquiliae* war die unmittelbar beigebrachte Beschädigung oder Zerstörung. Doch wurden schon in republikanischer Zeit ergänzende (prätorische) Klagen gewährt, die in den Quellen teils als *actiones in factum,* teils als *actiones utiles* bezeichnet werden; Zweck dieser ergänzenden Klagen war die haftungsrechtliche Erfassung lediglich mittelbarer Einwirkungen.[16] Beispiele sind etwa, dass jemand einen Hund aufhetzt und so bewirkt, dass dieser einen fremden Sklaven zu Tode beißt,[17] dass gescheuchtes Vieh auf der Flucht in einen Abgrund stürzt[18] oder dass jemand das Ankertau durchschneidet, so dass das daran befestigte Schiff verloren geht.[19]

Und auch wo es zu keiner Verletzung der Sachsubstanz kam, konnte eine *actio in factum* Anwendung finden. Dies betraf diejenigen Fälle, in denen dem Berechtigten die Sache dauerhaft entzogen wurde; etwa wenn jemand einen fremden Ring in einen tiefen Fluß fallen liess,[20] oder wenn jemand ein wildes Tier, an welchem ein anderer Eigentum begründet hatte, wieder in seine Freiheit entließ.[21]

Auch für Schäden aus Unterlassung gewährten die römischen Juristen eine *actio utilis ad exemplum legis Aquiliae,* wenn vorangegangenes oder begleitendes Tun eine Gefahr für andere geschaffen hatte und die daraus resultierende Pflicht zu schadensverhütendem Handeln schuldhaft verletzt worden war.[22] So haftete etwa derjenige aus der *actio utilis,* welcher das eigene Stoppelfeld abbrannte und die notwendigen Vorkehrungen versäumte, um das Übergreifen des Feuers auf fremdes Eigentum zu verhindern.[23]

---

13 Hausmaninger, Schadensersatzrecht, S. 14; Lübtow, Untersuchungen, S 147 f.
14 Ulpian D. 9, 2, 27, 13 u. 16; Gaius Inst. 3, 217; Lübtow, aaO, S. 111 ff.; Pernice, Sachbeschädigungen, S. 152 ff.
15 Ulpian D. 9, 2, 27, 15 u. 19
16 Kleindiek, Deliktshaftung, S. 43; Voss, Verkehrspflichten, S. 166 ff.
17 Ulpian D. 9, 2, 11, 5; vgl. dazu Lübtow, Untersuchungen, S 151 ff.
18 Gaius D. 47, 2, 51; Neraz D. 9, 2, 53
19 Ulpian D. 9, 2, 29, 5
20 Alfenus in Paulus D. 19, 5, 23
21 Proculus D. 41, 1, 55
22 Kleindiek, Deliktshaftung, S. 55; Voss, Verkehrspflichten, S. 211 ff.
23 Paulus D. 9, 2, 30, 3; vgl. dazu Lübtow, Untersuchungen, S. 158 f.

Umstritten, jedoch für die vorliegende Untersuchung nicht weiterführend ist, ob und ggf. welche Unterschiede zwischen den *actiones in factum* und den *actiones utiles* bestanden.[24]

6.1.2 Die lex Aquilia im gemeinen Recht des 19. Jahrhunderts

Die römischen Quellen zur Haftung *ex lege Aquilia* blieben auch für die deliktische Verantwortlichkeit im gemeinen Recht des 19. Jahrhunderts bestimmend. Die aquilische Haftung verlor allerdings ihren Strafcharakter. Der Anspruch des Geschädigten ging auf Ersatz des gesamten Interesses.[25] Über die Fälle der Sachbeschädigung und -zerstörung hinaus fanden die Grundsätze der *lex Aquilia* Anwendung auch auf Körperverletzung und Tötung.[26] Ebenfalls in das gemeine Recht mit aufgenommen wurden die Erweiterungen der *lex Aquilia*, so dass sich die Haftung für Sachschäden im späten gemeinen Recht wie folgt umschreiben ließ: Wer eine Sache unmittelbar oder mittelbar in schuldhafter und widerrechtlicher Weise vernichtet, beschädigt oder etwas vollführt, was dem gleich steht, der muss das Interesse ersetzen.[27] Damit war indes keine unbegrenzte Zurechnung einer jeden auch nur mittelbaren Schadensverursachung verbunden. Wie schon das antike römische Recht kannte auch das gemeine Recht keine deliktische Haftung aus einem allgemeinen Erfolgsverursachungsverbot. Die haftungsbegründende Zurechenbarkeit des Kausalzusammenhangs zwischen Handlung und Erfolg musste vielmehr in jedem Einzelfall auf der Grundlage der römischen Quellen belegt werden.[28]

Was die gemeinrechtliche aquilische Unterlassenshaftung anbetrifft, so wurde – wie schon im antiken römischen Recht – traditionell aus vorangegangenem oder begleitendem gefahrerhöhendem Tun (Ingerenz) gehaftet.[29] Des Weiteren hat die überwiegende Rechtsprechungspraxis, insbesondere in der 2. Hälfte des 19. Jahrhunderts, eine aquilische Schadensersatzhaftung in den Fällen angenommen, in denen gegen eine gesetzlich oder vertraglich begründete Pflicht zum Tätigwerden schuldhaft verstoßen wurde.[30] Erhebliche praktische Bedeutung er-

---

24 Vgl. dazu: Kleindiek, Deliktshaftung, S. 44; Voss, Verkehrspflichten, S. 166 ff.
25 Kleindiek, Deliktshaftung, S. 45
26 Vgl.: Arndts, Pandekten, § 324 (S. 635); Baron, Pandekten, § 313 (S. 574 ff.); Dernburg, Pandekten II, §§ 131 f. (S. 384 ff.); Vangerow, Pandekten III, § 681 (S. 558 ff.); Waechter, Pandekten II, § 215 (S. 490 ff.)
27 Baron, Pandekten, § 313 III, S. 577
28 Fraenkel, Tatbestand, S. 77; Kleindiek, Deliktshaftung, S. 50
29 Kaser, RP I, S. 451, Dernburg, Pandekten II, S. 351; Lübtow, Untersuchungen, S. 97
30 So mit Recht Kleindiek, Deliktshaftung, S. 79 f.

langte die Verletzung einer strafrechtlichen oder polizeigesetzlichen Bestimmung, welche eine Schadensersatzhaftung nach *lex Aquilia* nach sich zog.

Wie Kleindiek sowie Voss nachgewiesen haben, fand die Schadensersatzhaftung für Unterlassungen nach der *lex Aquilia* auch über Ingerenz, Vertrag und Gesetz hinaus statt.[31] Die gemeinrechtliche Rechtsprechung entwickelte jenseits dieser Trias richterrechtliche Handlungsgebote, zum einen aus der Eröffnung eines Verkehrs, zum anderen aus dem verkehrsgefährdenden Zustand einer Sache: Selbst ohne Gesetz oblag demjenigen, welcher sein Grundstück zum öffentlichen Verkehr bestimmte, die Verpflichtung, es in einer den Anforderungen der Verkehrssicherheit entsprechenden Weise zu unterhalten. Ebenso waren nach gefestigter gemeinrechtlicher Rechtsprechung öffentlich-rechtliche Körperschaften für den verkehrsgemäßen Zustand ihrer Straßen, Wege und Plätze verantwortlich und nach *lex Aquilia* haftbar. Schließlich ist, ebenfalls in Erweiterung der Ingerenzhaftung nach *lex Aquilia*, von der gemeinrechtlichen Rechtsprechung eine aquilische Haftung auch in Fällen angenommen worden, in denen es jemand schuldhaft unterlassen hatte, Gefahren abzuwenden, die dem öffentlichen Verkehr ohne eigenes Zutun durch eine in seinem Herrschaftsbereich stehende Sache drohten. Legitimationsgrundlage der Schadensersatzhaftung war hier, wie auch im Rahmen der Verkehrseröffnung, zum einen die Sicherheit des öffentlichen Verkehrs sowie das darauf gerichtete Vertrauen der Verkehrsteilnehmer, zum anderen die Herrschaft des Verpflichteten über den Gefahrenbereich und seine daraus folgende Obliegenheit zur Schadensverhütung.[32]

Aus den soeben dargestellten gemeinrechtlichen Erweiterungen des Anwendungsbereiches der *lex Aquilia* kann mit Recht gefolgert werden, dass diese als Vorläufer der modernen Verkehrspflichten anzusehen sind und sich die Verkehrspflichten entgegen verbreiteter Meinung[33] durchaus auf eine gewachsene Rechtstradition berufen können.[34]

6.2 Verschuldensunabhängige Haftung im gemeinen Recht des 19. Jahrhunderts

Schmidt-Salzer schrieb 1995 zur verschuldensabhängigen Haftung in der Festschrift für Erich Steffen:[35]

---

31 Vgl.: Kleindiek, Deliktshaftung, S. 78 ff.; Voss, Verkehrspflichten, S. 228 ff.
32 Kleindiek, Deliktsrecht, S. 80
33 Besonders pointiert Esser, JZ 1953, 129 (132), welcher die Verkehrspflichten als „aus wilder Wurzel entsprungen" ansieht
34 Kleindiek, Deliktsrecht, S. 80; Voss, Verkehrspflichten, S. 231 ff.
35 Schmidt-Salzer, Verschuldensprinzip in FS Steffen 1995, S. 429 f.

„In der makroskopischen Betrachtung aber ist unbestreitbar, dass im Konflikt der beiden Schadenszuordnungsprinzipien bislang das Verschuldensprinzip dominant war, das Verursachungsprinzip aber im deutschen Recht trotz gewissermaßen stiefmütterlicher Behandlung immer koexistiert hat: in einigen Phasen gegen die Vernichtung oder Auslöschung ankämpfend, aber jedenfalls als punktuelles Randphänomen überlebend, heutzutage allerdings als generelles Prinzip die Gleichberechtigung, vielleicht schon die Dominanz und die Umkehrung der Jahrhunderte alten Gewichtsverteilung beanspruchend."

6.2.1 Die Quasi-Delikte

Das gemeine Recht des 19 Jahrhunderts wies neben der dominanten Verschuldenshaftung und modernen, gesetzlich normierten Gefährdungshaftungstatbeständen, auf welche noch eingegangen wird[36], vereinzelte, aus dem römischen Recht überkommene Tatbestände auf, welche eine vom Verschulden unabhängige Schadensersatzhaftung begründeten. Dieser Befund entspricht dem Befund Schmidt-Salzers in seinem vorstehenden Zitat. Diese unter dem Oberbegriff Quasi-Delikte zusammengefaßten Tatbestände begründeten eine verschuldensunabhängige Schadensersatzhaftung in ganz speziellen Fällen, auf welche im Einzelnen nachfolgend eingegangen wird.

6.2.1.1 Die quasi-deliktischen Tatbestände des klassischen römischen Rechts

Das klassische römische Recht fasst unter der Bezeichnung *obligationes quasi ex delicto*[37] eine Reihe von einzelnen Tatbeständen auf, wobei es sich im Wesentlichen um vier Fälle handelt:

6.2.1.1.1 Iudex qui litem suam facit

Gegenstand dieses Rechtsinstitutes ist eine verschuldensunabhängige Schadensersatzhaftung des Richters (*iudex*), der durch sein gesetzwidriges Verhalten im Prozess einen zu kompensierenden Schaden für eine Partei verursacht hat.[38] *Iudex qui litem suam facit* ist der Richter, der sich das Prozessrisiko überbürdet.[39] Dabei muss nicht in erster Linie an vorsätzliche Rechtsbeugung gedacht

---

36 Siehe dazu 6.2.2 dieser Arbeit.

37 D. 44, 7, 5, 4–6

38 Hochstein, Obligationes, S. 15

39 I. 4, 5 pr. (= D. 44, 7, 5, 4 = D. 50, 13, 6): *Si iudex litem suam fecerit, non proprie ex maleficio obligatus videtur, sed quia neque ex contractu obligatus est et utique peccasse aliquid intellegitur, licet per imprudentiam: Ideo videtur quasi ex maleficio teneri.*

werden, sondern vor allem an die vielen kleinen Gesetzwidrigkeiten, die dem *iudex* aus Unwissenheit oder Übereilung unterlaufen, zu einem unrichtigen Urteil führen und dadurch eine Partei unbillig benachteiligen.[40]

Das Institut ist wahrscheinlich sehr alt und wurde Teil des prätorischen Edikts.[41] Der Grund für die scharfe Haftung des *iudex* wird mit der großen Selbständigkeit und außerordentlichen Machtposition begründet, welche dem *iudex* im römischen Zivilprozess zukam.[42]

Sobald die *actio* (Klage) vom Gerichtsmagistrat erteilt und der *iudex* von den Parteien bestimmt oder ausgelost war, waren die Parteien dem *iudex* ausgeliefert; war das Urteil erlassen, sei es rechtmäßig oder nicht, war der Klageanspruch verbraucht, soweit nicht ausnahmsweise von Gerichtsmagistrat eine *restitutio in integrum* (Wiedereinsetzung in der vorherigen Stand) gewährt wurde.[43] Ein Rechtsmittel gegen erlassene Urteile (Appellation) gab es ursprünglich nicht. Als mit der Appellation ein Rechtsmittel gegen erlassene Urteile aufkam und sich im Rahmen der Beamtenkognition ein Instanzenzug ausprägte, entfiel zwar der ursprüngliche Grund für die scharfe Haftung des *iudex*; diese wurde jedoch beibehalten.[44]

6.2.1.1.2 Actio de deiectis vel effusis

Die *actio de deiectis vel effusis* regelt den Fall, dass aus einer Wohnung Gegenstände oder Flüssigkeiten hinausgeworfen oder -gegossen werden und dadurch einem Passanten ein Schaden entsteht.[45] Regelmäßig trifft die Schadensersatzhaftung zuerst den Täter, welcher aus der *lex Aquilia* verantwortlich ist. Daneben hat der Geschädigte jedoch die *actio de deiectis vel effusis* gegen den *inhabitator* (Wohnungsinhaber), dessen Familienangehörige, Bedienstete oder Besucher den Schaden durch den Wurf oder Guss verursacht haben. Der *inhabitator* muss, obwohl eindeutig nicht selbst Täter, für diesen Personenkreis einstehen, ihm wird

---

40 Hochstein, aaO, S. 14
41 Karlowa, Römische Rechtsgeschichte II/1, S. 1349; Lenel, Edictum Perpetuum, S. 167 ff.
42 Wenger, Institutionen, S. 199 ff.; Hübner, Gedächtnisschrift Peters, S. 99 f.
43 Vgl. Kaser/Hackl, Röm. Zivilprozess, § 41 IV; Wenger, Institutionen, S. 296
44 Hochstein, Obligationes, S. 15
45 I. 4, 5, 1 (ebenso D. 44, 7, 5, 5): *Item is, ex cuius cenaculo vel proprio ipsius vel conducto vel in quo gratis habitat deiectum effusumve aliquid est, ita ut alicui noceretur, quasi ex maleficio obligatus intelligitur: ideo autem non proprie ex maleficio obligatus intelligitur, quia plerumque ob alterius culpam tenetur aut servi aut liberi.*

allerdings ein Regressanspruch gegen den wahren Täter zugestanden.[46] Der *inhabitator* haftet damit unabhängig von eigenem Verschulden.

Was die Höhe des zu leistenden Schadensersatzes angeht, so kann der *inhabitator* bis zur doppelten Höhe des entstandenen Schadens (*duplum quanti damnum datum sit*) in Geld herangezogen werden; davon abweichend war bei Tötung eines Menschen eine hohe Geldbuße zu zahlen, bei Verletzung eines Menschen waren die Behandlungs- und Arzneikosten sowie ggf. Verdienstausfall nach richterlichem Ermessen zu erstatten.[47]

Man nimmt an, dass die *actio de deiectis vel effusis* in republikanischer Zeit in das prätorische Edikt aufgenommen worden ist.[48] Sie diente der öffentlichen Sicherheit[49] und sollte es ermöglichen, Straßen und Wege ohne Gefahr einer Schädigung durch hinausgeworfene Gegenstände oder Flüssigkeiten betreten zu können.[50] Auf die Wohnungsinhaber wurde dadurch ein gewisser Druck ausgeübt, derartige Schäden durch entsprechende Auswahl, Aufsicht etc. zu vermeiden, wenngleich nicht zu verkennen ist, dass der *inhabitator* teilweise gar nicht in der Lage gewesen sein wird, die konkrete Gefahr einer Schädigung zu beherrschen.[51] Die *actio de deiectis vel effusis* trägt jedoch, ebenso wie andere quasideliktische Tatbestände, mit der Auferlegung einer gesteigerten Verantwortung der regelmäßig auftretenden Beweisnot des Verletzten Rechnung; dieser weiß in der Regel nicht, welche Person genau den schädigenden Wurf oder Guß ausgeführt hat, er kann normalerweise lediglich die Wohnung angeben, aus welcher heraus der Wurf oder Guß stattgefunden hat.[52] Auch aus der *actio de deiectis vel effusis* haftete der *inhabitator* ohne eigenes Verschulden auf Schadensersatz, was

---

46 D. 9, 3, 5, 4: *Cum autem legis Aquiliae actione propter hoc quis condemnatus est, merito ei, qui ob hoc, quod hospes vel quis alius de cenaculo deiecerit, in factum dandam esse Labeo dicit ad adversus deiectorem, quod verum est.*

47 I. 4, 5, 1(ebenso D. 9, 3, 1): *De eo vero, quod deiectum effusumve est, dupli quanti damnum datum sit constituta est acto. ob hominem vero liberum occisum quinquginta aureorum poena constituitur: si vero vivet nocitumque ei esse dicetur, quantum ob ea rem aequum iudici videtur, actio datur: iudex enim computare debet mercedes medicis praestitas ceteraque impendia, quae in curatione facta sunt, praeterea operarum, quibus caruit aut cariturus est ob id quod inutilis factus est.*

48 Pernice, Labeo B, S. 250 und Labeo D, S 56; Karlowa, Römische Rechtsgeschichte II/1, S. 1357

49 D. 9, 3, 1, 2: *Semper enim ea loca, per quae vulgo iter solet fieri, eandem securitatem debent habere.*

50 D. 9, 3, 1, 1: *Summa utilitate id praetorem edixisse nemo est qui neget: publice enim utile est sine metu et periculo per itinera commeari.*

51 Hochstein, Obligationes, S. 16 f.

52 D. 9, 3, 2: *cum sane impossibile est scire, quis deiecisset vel effudisset.*

nicht zuletzt auch der Erzielung einer angemessen Schadens- und Risikovertei-
lung dienen sollte.[53]

6.2.1.1.3 Actio de posito vel suspenso

Die *actio de posito vel suspenso* steht in nahem Zusammenhang mit der *actio de deiectis vel effusis*. Sie gewährt eine Popularklage[54] gegen denjenigen, aus dessen Gebäude über einer öffentlichen Straße ein Gegenstand dergestalt aufgehängt oder aufgestellt ist, dass er beim Herabfallen Schaden verursachen könnte.[55] Diese *actio* setzte den Eintritt eines Schadens nicht voraus und gewährte dem erfolgreichen Kläger pauschal die Geldsumme von zehn *aurea* (römische Goldmünzen).[56]

Sie ist wahrscheinlich ebenso wie die *actio de deiectis vel effusis* in republikanischer Zeit entstanden.[57] Wie die *actio de deiectis vel effusis* diente sie der Verbesserung der Sicherheit auf öffentlichen Straßen, wobei die Besonderheit darin lag, dass die *actio de posito vel suspenso* schon aufgrund einer bloßen Gefährdung gegeben wurde, ohne dass bereits ein Schaden eingetreten sein musste.[58] Im Unterschied zur *cdi* gewährte die *actio de posito vel suspenso* jedoch keinen Anspruch auf Kautionsbestellung für drohenden Schaden. Aus der *actio de posito vel suspenso* haftete der Beklagte unabhängig von eigenem Verschulden ebenso wie der Beklagte aus der stipulierter Kaution bei der *cdi* (*actio ex stipulatu*).

6.2.1.1.4 Actio de damno aut furto adversus nautas, caupones, stabularios

Die *actio de damno aut furto adversus nautas, caupones, stabularios*[59] statuierte die verschuldensunabhängige, unbedingte Haftung der Reeder (*nautae*), Gastwirte (*caupones*) und Stallwirte (*stabularii*) für Sachbeschädigungen und Diebstähle (*furta*), welche durch das bei ihnen beschäftigte Personal begangen wur-

---

53 Hochstein, Obligationes, S. 17
54 D. 9, 3, 5, 13: *Ista autem actio popularis est.*
55 I. 4, 5, 1 = D. 44, 7, 5, 5: *Cui similis est is, qui ea parte, qua vulgo iter fieri solet, id positum aut suspensum habet, quod potest, si ceciderit, alicui nocere.*
56 I. 4, 5, 1: *Quo casu poena decem aureorum constituta est.*
57 Pernice, Labeo B, S. 250 und Labeo D, S 56
58 Hochstein, Obligationes, S. 17
59 Im Folgenden kurz *actio de damno aut furto* genannt.

den.[60] Schuldbefreiung war nur möglich bei nachgewiesenem Eigenverschulden des Geschädigten oder bei höherer Gewalt.[61]

Davon zu unterscheiden ist die der heutigen Haftung für eingebrachte Sachen vergleichbare *receptum*-Haftung, *actio de recepto*. Während es sich bei der *receptum*-Haftung um ein von der vertraglichen Haftung zur gesetzlichen Haftung weiterentwickeltes Rechtsinstitut handelt, liegt bei der *actio de damno aut furto* eine vertragliche Grundlage nicht vor; sie geht ausschließlich vom deliktischen Bereich aus.[62] Bei der *actio de damno aut furto* kommt es im Gegensatz zur *receptum*-Haftung nicht darauf an, dass die entwendeten oder beschädigten Sachen eingebracht (rezipiert) worden sind; ausreichend aber auch erforderlich ist, dass diese Sachen sich zum Zeitpunkt der Tat im Schiff, Gasthaus oder Stall befunden haben; weiter erforderlich ist der Nachweis, dass einer der Bediensteten des Reeders, Gast- oder Stallwirts oder ein ständiger Bewohner des Gasthauses die Tat begangen hat, wobei dieser nicht namentlich benannt oder von Person her bekannt zu sein braucht.[63]

Die *actio de damno aut furto* ist in republikanischer Zeit entstanden und in das prätorische Edikt aufgenommen worden.[64] Sie begründet wie die anderen zuvor dargestellten Quasi-Delikte eine strenge, verschuldensunabhängige Haftung, welche der Sicherheit des Reiseverkehrs förderlich sein sollte.[65]

6.2.1.2 Entwicklung der Quasi-Delikte bis zum 19. Jahrhundert

Wie Hochstein dargelegt hat, sind die Quasi-Delikte im Laufe der Jahrhunderte alten Rechtsentwicklung seit dem justinianischen Corpus Iuris Civilis weitgehend in Wegfall gekommen und im Rahmen der neuzeitlichen Obligationensystematik, insbesondere seit der vernunftrechtlichen Epoche, einem generellen Schema de-

---

60 I. 4, 5, 3 = D. 44, 7, 5, 6: *Item exercitor navis aut cauponae aut stabuli de damno (dolo) aut furto, quod in nave aut in caupona aut in stabulo factum erit, quasi ex maleficio teneri videtur, si modo ipsius nullum est maleficium, sed alicuius eorum, quorum opera navem aut cauponam aut stabulum exercet: cum enim neque ex contractu sit adversus eum constituta haec actio et aliquatenus culpae reus est, quod opera malorum hominum uteretur, ideo quasi ex maleficio teneri videtur.*
61 D. 4, 9, 3, 1; s. dazu auch Ogorek, Gefährdungshaftung, S. 81
62 Hochstein, Obligationes, S. 18; Zur Rechtsentwicklung bei der *actio de recepto* vgl. Brecht, Zur Haftung der Schiffer im antiken Recht, S. 112 ff.
63 Goldschmidt, ZHR Bd. 3., S. 67 ff.; Brecht, aaO, S. 107 ff.; Karlowa, Römische Rechtsgeschichte II/1, S. 1322
64 Karlowa, Römische Rechtsgeschichte II/1, S. 1322; Pernice, Labeo B. S. 250 und Labeo D, S. 56
65 D. 4, 9, 3, 1: *...reprimendae improbitatis...;* Pernice, Labeo D, S. 54; kritisch dazu: Esser, Grundlagen und Entwicklung der Gefährdungshaftung, S. 55 f.

liktischer Verschuldenshaftung angepasst worden, das die quasi-deliktischen Tatbestände, soweit sie überhaupt noch eine eigenständige Haftung begründeten, mit umfasst.[66]

Ein besonderer Obligationsgrund „quasi ex delicto" wurde zunehmend seiner Funktion entkleidet und im Ergebnis gänzlich überflüssig; dieses Ergebnis spiegeln insbesondere die großen Kodifikationen um die Wende vom 18. zum 19. Jahrhundert wieder.[67] Während die weitgehend in der Tradition verwurzelte römische Jurisprudenz die quasi-deliktischen Tatbestände in intuitiver Erfassung der inneren Zusammenhänge unter einem einheitlichen Begriff trotz begrifflicher Unklarheiten aufrecht erhielt, war den Juristen des 19. Jahrhunderts dieser Weg aufgrund ihres Wissens um die negative Entwicklung des Begriffes der *obligatio quasi ex delicto* versperrt.[68]

Diese Entwicklung zeichnet sich dadurch aus, dass eine zutreffende Erfassung des den Quasi-Delikten gemeinsamen Haftungskriteriums, der verschuldensunabhängigen Haftung, schon seit den Tagen des Corpus Iuris Civils nicht gelungen ist, wie Hochstein detailliert untersucht und zutreffend festgestellt hat.[69] Humanismus und Usus modernus pandectarum haben den dogmatischen Gehalt der *obligatio quasi ex delicto* fast ausnahmslos vom Verschuldensgesichtspunkt her zu erfassen gesucht.[70] Soweit in diesen Epochen vereinzelt ein Verständnis der quasi-deliktischen Haftung im Sinne einer verobjektivierten, verschuldensunabhängigen Haftung aufkam, hat sich dieses angesichts der seit Jahrhunderten dominierenden und konstruktiv einfacheren Verschuldenslösung nicht durchsetzen können.[71] Die Dominanz des Verschuldensprinzips, welche das Erfordernis der *culpa* als genereller Haftungsvoraussetzung betont, ist seit der römischen Nachklassik durchgehend feststellbar.[72]

Bei diesem historischen Befund verwundert es nicht, wenn – insoweit völlig auf der langfristigen Entwicklungslinie liegend – auch die Pandektistik des 19. Jahrhunderts den Begriff des Quasi-Delikts als für die Dogmatik überflüssig oder unbrauchbar ansah.[73] Eine Verallgemeinerung oder extensive Auslegung der

---

66 Hochstein, Obligationes, S. 146
67 Hochstein, aaO, S. 147
68 Hochstein, aaO. S. 148
69 Hochstein, Obligationes, S. 148
70 Hochstein, aaO, S. 125
71 Hochstein, aaO, S. 125
72 Hochstein, aaO, S. 35
73 Vgl.: Mühlenbruch, Pandektenrecht II, S. 239; Engelmann, Privatrecht, § 121, Fischer, Privatrecht, § 7; Randa, Schadensersatzpflicht, S.27 f.; Unger, JherJ Bd. 30, S. 228 (N. 7) und S. 395 (N. 87). Nach anderer Auffassung lassen sich keine gemeinsamen Merkmale feststellen, so: Kaufmann, Obligationen, S. 46; Haimberger, röm. Privatrecht, § 580 N. c.

quasi-deliktischen Tatbestände kam folgerichtig nicht in Frage, da es sich bei diesen Tatbeständen um *ius singulare* handelte, welches einer Generalisierung schon prinzipiell nicht zugänglich war.[74]

Der Rechtsgedanke einer verschuldensunabhängigen Haftung ist jedoch in keiner Epoche seit der Spätklassik völlig untergegangen. In der Pandektistik bekam dieser Rechtsgedanke trotz Vorherrschens des Schulddogmas interessanterweise von der Seite der Quasi-Delikte neuen Auftrieb: Die pandektistische Jurisprudenz sah diese Tatbestandsgruppe – wenn auch unter weitgehender Ausklammerung der Richterhaftung (*iudex qui litem suam facit*)[75] – nahezu einhellig[76] als von einem Verschulden des Haftenden unabhängige Haftungsform an.[77]

Als Erklärung für dieses überraschend neue Verständnis der quasi-deliktischen Haftung ist es – Hochstein folgend – durchaus plausibel anzunehmen, dass in der Pandektistik die romanistische Forschung intensiviert wurde und die damit verbundene historische Betrachtungsweise eine vom geltenden Recht weitgehend losgelöste, ungebundenere Position einzunehmen gestattete, als dies vorhergehenden Epochen infolge der stärkeren Verwobenheit des Forschungsgegenstandes mit dem geltenden Recht möglich gewesen ist.[78]

Allerdings bedeutet dies keineswegs, dass im gemeinen Recht unter der Ägide der Pandektistik eine wirkliche, verschuldensunabhängige Haftung aus den quasideliktischen Tatbeständen auch in der Praxis Platz gegriffen hätte. Vielmehr trat die aus den vorangegangen Epochen nachwirkende Dominanz des Verschuldensprinzip deutlich hervor, indem bei Annahme einer grundsätzlich objektiven Haftung aus Quasi-Delikt mit fingierter *culpa* operiert[79] oder eine Verschuldens-

---

74 Vgl.: Müller, de recepto actio, S. 39 ff.; Ogorek, Gefährdungshaftung, S. 50
75 Vgl. etwa die Darstellung bei Puchta, Pandekten: Die Richterhaftung befindet sich unter § 390 in dem Kapitel „Delikte durch Culpa", die übrigen drei Quasidelikte (vgl. 6.2.1.2 bis 6.2.1.1.4 dieser Arbeit) finden sich unter § 392 unter der Überschrift „Obligationen aus Delicten Anderer".
76 Für die vereinzelte Einordnung der Haftung aus Quasi-Delikt als Verschuldenshaftung vgl. etwa Sintenis, Civilrecht II, § 125 II
77 Vgl.: Goldschmidt, ZHR Bd. 16, S. 342 f.; Göschen, Civilrecht II, §§ 442, 648; Hölder, Institutionen, § 60; Keller, Pandekten II, §§ 343, 359; Kuhlenbeck, Pandekten – BGB II, § 60; Mackeldey, Römisches Recht II, § 472; Pernice, Labeo B, S. 248 f. und Labeo D, S. 50; Randa, Schadensersatzpflicht, S. 251 Schoemann, Schadensersatz II, S. 77 f.; Waentig, Haftung, §§ 33, 37; Windscheid, Pandekten II, § 298 N. 7; Wyss, Haftung, S. 57 ff.; ferner auch RGZ 13, 213; zusammenfassend Hochstein, Obligationes, S. 147
78 Hochstein, Obligationes, S. 147
79 Vgl. Goldschmidt, ZHR Bd. 3, S. 71

vermutung herangezogen wurde.[80] Diese Lösungen blieben indes nicht unumstritten.[81]

Für Rechts- und Gerichtspraxis des 19. Jahrhunderts blieben die Quasi-Delikte ein dogmatisch noch weitgehend unverstandener Fremdkörper. Zwar erschien eine verschuldensunabhängige Haftung in Einzelfällen – insbesondere bei Vorliegen eines Spezialgesetzes – auch in der Praxis durchaus möglich; sie wurde jedoch noch nicht als dogmatisch grundsätzlich andere, weitere Haftungsart neben und sachgedanklich unabhängig von der Verschuldenshaftung erkannt.[82]

6.2.1.3 Cautio damni infecti und Quasi-Delikte / Fazit

Die *cautio damni infecti* wurde zu keinem Zeitpunkt zu den Quasi-Delikten des klassischen römischen Rechts gezählt, wenngleich auch ihr eine verschuldensunabhängige Haftung aus der *actio ex stipulatu* immanent ist und von daher eine Verbindung zu den Quasi-Delikten zumindest nicht fern gelegen hätte. Auch in der Rechtsentwicklung nach Erlass des justinianischen Corpus Iuris Civilis bis zur Pandektistik des 19. Jahrhunderts ist diese Verbindung, soweit ersichtlich bis auf eine einzige Ausnahme, nicht gezogen worden. Diese Ausnahme bildet Simon van Leeuwen, ein Jurist aus der Epoche des Usus modernus Pandectarum.[83] Van Leeuwen führte unter den quasi-deliktischen Tatbeständen u. a. den Fall an, dass ein Gebäude auf das Nachbargrundstück stürzt, und leitete daraus eine objektiv normierte, verschuldensunabängige Schadensersatzverpflichtung her, allerdings nicht gestützt auf die für solche Fälle eigentlich einschlägige *cautio*

---

80 Vgl.: Holzschuher, Civilrecht III, S. 1124; Mühlenbruch, Pandektenrecht II, S. 474 N. 1; Wyss, Haftung, S. 61, 70

81 Der Widerspruch richtete sich insbesondere gegen die subjektive Färbung durch fingierte culpa bzw. Verschuldensvermutung, vgl dazu: Pernice, Labeo B, S. 248 N. 32 und Labeo D, S. 50 N. 4; Unger, JherJ Bd. 30, S. S. 394 N. 86; zusammenfassend Hochstein, Obligationes, S. 148

82 Vgl. etwa ROHG 13, 68 (72): Zur verschuldensunabhängigen Haftung gem. § 2 des Reichshaftpflichtgesetzes – Gesetz betreffend die Verbindlichkeit zum Schadensersatz für die bei dem Betriebe von Eisenbahnen, Bergwerken usw. herbeigeführten Tötungen und Körperverletzungen (Reichshaftpflichtgesetz) vom 7. Juni 1871 (RGBl. 207) – führt das ROHG aus, dass „dieser Norm die eigenthümliche rechtliche Qualifikation einer *obligatio quais ex delicto* beizulegen sei".; zur Unsicherheit der pandektistischen Jurisprudenz gegenüber dem Begriff der *obligatio quasi ex delicto* vgl. Hochstein, Obligationes, S. 148 f. insbes. FN 13 und 14

83 Diese Epoche ist benannt nach dem Titel des Hauptwerkes von Samuel Stryk (1640–1710). Ausführlich zur Charakteristik dieser Zeit: Wieacker, Privatrechtsgeschichte der Neuzeit, S. 204 ff.

damni infecti sondern mit der *lex Aqulia* als Anspruchsgrundlage.[84] Van Leeuwen hat damit zum ersten Mal einen Tatbestand genannt, dessen späte, über das Preußische ALR[85] mit subjektiven Kriterien verknüpfte und schließlich verallgemeinerte Ausformung in die heutigen §§ 836 ff. BGB eingeflossen ist. Van Leeuwens gedankliche Verbindung der Gebäudehaftpflicht mit verschuldensunabhängiger Einstandspflicht, für welche ein Vorbild nicht ersichtlich ist, blieb vereinzelt und wurde weder von zeitgenössischen Juristen des Usus modernus Pandectarum noch von der Folgezeit bis zu den späteren vernunftrechtlich geprägten Kodifikationen aufgegriffen. Damit wurde eine Chance vertan, den eigentümlichen Charakter der Quasi-Delikte als Haftungsinstitute mit verschuldensunabhängiger Haftungsgrundlage zu erkennen und festzulegen.[86]

Als Fazit kann in Bezug auf die tradierten verschuldensunabhängigen Haftungsinstitute des gemeinen Rechts, die Quasi-Delikte, festgestellt werden, dass diese ebenso wenig wie die *cautio damni infecti* Gegenstand einer nennenswerten Weiterentwicklung im gemeinen Recht waren, insbesondere was den Aspekt der Verschuldensunabhängigkeit der Haftung anbetrifft. Die verschuldensunabhängige Haftung wurde im 19. Jahrhundert vielmehr auf anderen Wegen entwickelt und vorangebracht, worauf im Folgenden einzugehen ist.

6.2.2 Moderne Formen verschuldensunabhängiger Haftung im 19. Jahrhundert

6.2.2.1 Ausnahmen vom Verschuldensprinzip

Trotz der eindeutigen Vorherrschaft des Schuldhaftungsgedankens in Rechtswissenschaft und Gerichtspraxis des 19. Jahrhunderts haben sich unter dem Druck der sozialen und wirtschaftlichen Umbrüche des Industriezeitalters Haftungstatbestände herausgebildet, die den konkreten Schuldvorwurf vernachlässigten oder sogar aufgaben.[87]

---

84 v. Leeuwen, Censura, p. I lib. V cap. XXXI N. 5: *Propter damnum, a rebus inanimatis veluti ab aedibus, aut aliis operibus nostris, extra culpam datum, eadem fere lege tenemur, ut si praesens sit, veluti si aedes nostrae in alienas aedes deciderint, aut rudera tollamus damnumque datum resarciamus, aut aedibus totis quasi noxae deditione cedamus.* – Verweis auf die cdi – ; v. Leeuwen, Censura, p. I lib. V cap. XXXI N. 6: *Dixi extra culpam, quia si culpa nostra damnum aliquod eveniat, ex lege Aqulia pro damni reparatione actio competit* – verschuldensunabhängige Haftung gestützt auf die lex Aquilia – vgl. auch Hochstein, Obligationes, S. 91 f.
85 § 37 I 8 i. V. m. § 26 I 6 ALR
86 Hochstein, Obligationes, S. 92 f.
87 Ogorek, Gefährdungshaftung, S. 85

6.2.2.1.1 Rechtsprechung

Zum Schutz der Grundeigentümer vor Schädigungen durch benachbarte Anlagen oder Bauten entwickelten Gerichte eine allein auf die kausale Verletzung abstellende Erfolgshaftung.[88]

So gab das OAG Celle bereits im Jahre 1837 der Schadensersatzklage eines Grundeigentümers statt, welcher sich durch Rauchimmissionen einer benachbarten Fabrik in seinem Eigentumsrecht beeinträchtigt sah, wobei es auf den Nachweis eines Verschuldens verzichtete und den Nachweis der kausalen Rechtsverletzung genügen ließ.[89] Dieser Rechtsprechung schlossen sich das OAG Dresden[90] sowie das OAG Lübeck[91] an, wobei das OAG Lübeck aus den römischen Quellen eine allgemeine Regel ableitete, wonach niemand zur Duldung erheblicher und außergewöhnlicher Belästigungen durch bleibende Vorrichtungen auf benachbarten Grundstücken verpflichtet sei.

Hatte das Geheime Preußische Obertribunal noch 1848 die Haftung eines Fabrikbesitzers für Schäden, welche durch das Ausströmen giftiger Dämpfe an Nachbargrundstücken entstanden sind, mit dem Hinweis auf das Fehlen des für den Schadensersatzanspruch notwendigerweise erforderlichen Verschuldens abgelehnt,[92] so änderte dieses Gericht bereits im Jahre 1852 seine Rechtsprechung grundlegend und gewährte dem durch Immissionen einer Fabrik in seinem Eigentumsrecht gestörten Grundstücksnachbarn ein Recht auf ungestörte Eigentumsnutzung gegen den Fabrikbesitzer, obwohl ein Verschulden des letzteren nicht festgestellt werden konnte.[93] Das Gericht führte zur Begründung aus, dass es in diesen Fällen der Beeinträchtigung nachbarlichen Grundeigentums durch Immissionen auf ein Verschulden des Immissionsverursachers nicht ankomme, was aus der allgemeinen Rechtsregel folge, dass niemand mit dem Schaden eines anderen sich bereichern und niemand zu seinem Vorteil in ein fremdes Rechtsgebiet eindringen dürfe.[94]

Wie Ogorek gezeigt hat, dürfte der Grund, weshalb die Rechtsprechung gerade im Nachbarrecht eine Ausnahme vom ansonsten allgemein anerkannten Verschuldenshaftungsprinzip gemacht hat, nicht in den römisch-rechtlichen Vorbil-

---

88 Ogorek, aaO, S. 85
89 OAG Celle in SeuffA Bd. 11, Nr. 14 (S. 18 f.); OAG Celle in SeuffA Bd. 11, Nr. 346 (S. 452 f.)
90 Nachweis bei Ogorek, aaO, S. 56 FN 20; Urteil vom 11.05.1844
91 OAG Lübeck in SeuffA Bd. 9, Nr. 218 (S. 292 ff.); weitere Nachweise bei Ogorek, aaO, S. 56 FN 19
92 PrOtrE Bd. 23, S. 253 f.; Ogorek, aaO, S. 56 FN 21
93 Nachweis bei Ogorek, aaO, S. 56 f. FN 21 bis 23
94 PrOtrE Bd. 23, S. 253 (255); Ogorek, aaO. S. 56 FN 22

dern zu suchen sein; vielmehr war eine vom Ergebnis her gewünschte Tendenz erkennbar, den Rechtsschutz des Grundeigentümers wegen der Bedeutung seines Rechtsguts Grundeigentum lückenlos zu gestalten.[95] Diese Tendenz lässt sich an einer Reihe von eisenbahnrechtlich geprägten Entscheidungen ebenfalls aufzeigen, in welchen den durch Funkenflug vorbeifahrender Dampflokomotiven geschädigten Grundstücksnachbarn auch ohne eine dem § 25 Preußisches Eisenbahngesetz[96] vergleichbare Grundlage für verschuldensunabhängige Schadensersatzhaftung Schadensersatzansprüche gegen die schuldlos handelnden Eisenbahngesellschaften zuerkannt worden sind.[97]

Einen ebensolchen, weit über die allgemeinen Vorschriften der Verschuldenshaftung hinausgehenden Eigentumsrechtsschutz gewährten die Gerichte dem durch Bergbau geschädigten Grundstückeigentümer.[98] So hat das Geheime Preußische Obertribunal schon vor Anerkennung der oben dargestellten verschuldensunabhängigen nachbarrechtlichen Schadensersatzklage einem durch Bodensenkung infolge Bergbaus geschädigten Grundstückeigentümer Schadensersatz zugesprochen, obwohl den beklagten Bergwerkseigentümer ein Verschulden nicht traf und dieser sich zudem auf erlaubte Rechtsausübung berufen konnte, was bislang stets zur Folge hatte, dass im Schädigungsfalle kein Ersatz zu leisten war.[99] Das Gericht erklärte diese Grundsätze im Verhältnis Grundstückseigentümer – Bergwerkseigentümer für nicht anwendbar, da das Bergwerkseigentum lediglich der Gewinnung von Bodenschätzen diene und dem klassischen Grundstückseigentum mit Raum an der Erdoberfläche rangmäßig nicht ebenbürtig sei.[100]

Diese Gerichtsentscheidungen zeigen, dass der Schutz des Grundstückseigentümers gegen typische Beeinträchtigungen sehr weit fortgeschritten und insbesondere die Gewährung von Schadensersatz nicht auf die Fälle des Verschuldens beschränkt war. Die Rechtsposition des Grundstückseigentümers war so stark, dass sich der Gewerberechtsgesetzgeber 1869 veranlaßt sah, mit § 26 Gewerbeordnung eine Regelung zu treffen, welche verhindern sollte, dass die Ausdehnung gewerblicher Betriebe durch privatrechtliche Abwehransprüche betroffener Grundstückseigentümer gefährdet wurde.[101]

---

95 Ogorek, aaO, S. 60
96 Vgl. dazu im folgenden 6.2.2.2 dieser Arbeit.
97 Ogorek, aaO, S. 60
98 Ogorek, aaO, S. 60
99 PrOtrE Bd. 4, S. 354 ff.; PrOtrE Bd. 9, S. 101 ff.; Ogorek, aaO, S. 60, insbesondere FN 36 bis 38
100 Nachweise bei Ogorek, aaO, S. 60 f., insbesondere FN 38 und 39
101 Vgl zu § 26 GewO: Ogorek, aaO, S. 61, insbesondere FN 40

Die Gründe für diese manifeste Bevorzugung und Sonderstellung insbesondere des mit der Erdoberfläche verbundenen Grundeigentums hängen eng mit dem in der pandektistischen Rechtswissenschaft vorherrschenden, absoluten Eigentumsbegriff zusammen, welchem Beschränkungen jeglicher Art grundsätzlich zuwiderlaufen; so betrachtete Savigny Eigentum als das Recht an einer Sache in seiner reinsten und vollständigsten Gestalt, als unbeschränkte und ausschließliche Herrschaft einer Person über einen Gegenstand.[102] Andere Stimmen sahen das Eigentum als das Höchste und Letzte an, welches den übrigen Vermögensrechten erst ihre Beständigkeit gebe.[103] Von wieder anderer Seite wurde das Eigentum als die Totalität aller an einem Gegenstand denkbarer Befugnisse, verbunden mit der rechtlichen Möglichkeit einer unbeschränkten, jedes andere Subjekt ausschließenden Ausübung, definiert.[104]

In Bezug auf das Grundeigentum liest man etwa bei Gesterding folgende Einschätzung:

> *Dem Eigenthümer gehört die Erdfläche und Alles, was darunter und darüber ist; bis in den Mittelpunkt der Erde und bis in den Himmel erstreckt sich sein Reich.*[105]

Diese insbesondere die romanistische Lehre des 19. Jahrhunderts kennzeichnende Wertschätzung des Privateigentums als des hochrangigsten subjektiven Privatrechts überhaupt entstammt dem optimistischen Menschenbild der Aufklärung, dem Freiheits- und Selbstbestimmungspathos des Frühliberalismus sowie dem individualistischen Eigentumsbegriff des römischen Rechts.[106] Sie hat in der Parömie: *Qui iure suo utitur neminem laedit* einen kurzen und prägnanten Ausdruck gefunden und die Rechtslehre des 19. Jahrhunderts lange daran gehindert, nachbarliche Konflikte durch angemessene Beschränkung des Eigentums zu lösen.[107] Bei der Bewältigung dieser Problematik war die Rechtsprechung im Wesentlichen auf sich allein gestellt und hat sich dabei von den drängenden Erfordernissen der vom Industriezeitalter geprägten Praxis leiten lassen.

6.2.2.1.2 Literatur

In der Literatur des 19. Jahrhunderts erhoben sich allerdings auch Stimmen, welche die nach römisch-gemeinem Recht geltende Beschränkung der Schadenser-

---

102 Vgl dazu paradigmatisch: Savigny, System des heutigen römischen Rechts, Bd. 1, S. 338, 367; Ogorek, aaO, S. 52 f.
103 Ogorek, aaO, S. 53
104 Holzschuher, Theorie und Casuistik des gemeinen Civilrechts, Bd. 2, S. 70
105 Gesterding, Nachforschungen, Bd. 3, S. 399; Ogorek, aaO, S. 53
106 Ogorek, aaO, S. 53
107 Ogorek, aaO, S. 53

satzhaftung auf vom Schädiger selbst verschuldete Schädigungen, insbesondere die diesbezügliche Beschränkung der Haftung des Geschäftsherrn, als nicht mehr zeitgemäß ablehnten.

6.2.2.1.2.1 Rezeptenhaftung

Namentlich in dem Bereich der Rezeptenhaftung wurde eine Ausdehnung der römisch-rechtlichen Regeln auf nicht ausdrücklich erfasste, aber infolge der veränderten Verhältnisse entsprechend gelagerte Sachverhalte lebhaft diskutiert.[108] Die römisch-rechtliche vertragliche Rezeptenhaftung, *actio de recepto*,[109] betraf die Schiffer, Gastwirte und Stallhalter und ist von der quasi-deliktischen *actio de damno aut furto adversus nautas, caupones, stabularios*[110] zu unterscheiden.[111] Hatten diese Personen in Ausübung ihrer Tätigkeit fremde Sachen in ihre Räumlichkeiten aufgenommen, so mussten sie bei deren Entwendung oder Beschädigung unbedingt, d. h. unabhängig von eigenem Verschulden, haften und konnten die Haftung nur durch den Nachweis von Eigenverschulden des Geschädigten oder höherer Gewalt abwenden.[112] Die vertragliche Rezeptenhaftung wurde nach römischem Recht durch zwei Strafklagen ergänzt, *actio in factum furti* und *actio in factum damni iniuria datum*.[113] Letztere erfasste auch Personenschäden, welche ein Reisender in den betreffenden Schiffs- oder Gewerberäumlichkeiten erlitten hatte.[114]

In der gemeinrechtlichen Literatur wurde die Rezeptenhaftung regelmäßig dem Problemkreis der Haftung für fremdes Verschulden zugeordnet, da die Haftpflicht *ex recepto* zwar nicht nur, aber auch die Haftpflicht für Handlungen von Hilfspersonen des Unternehmers einschließt.[115]

Gegenstand einer schon seit dem 18. Jahrhundert geführten Diskussion in der Rechtswissenschaft war vor allem die Frage, ob auch der Landfracht- und Reiseverkehr, also etwa Eisenbahnen, Postunternehmungen und ähnliche Verkehrsbetriebe oder –anstalten, der verschärften Haftung unabhängig von einem eigenen Verschulden des jeweiligen Prinzipals unterworfen sein sollten.[116]

---

108 Ogorek, aaO, S. 82
109 Hochstein, Obligationes quasi ex delicto, S. 18
110 Vgl. dazu 6.2.1.1.4 dieser Arbeit.
111 Einzelheiten dazu bei Hochstein, aaO, S. 18
112 Vgl. Hochstein, aaO, S. 18f.; Ogorek, aaO, S. 81
113 Ogorek, aaO, S. 81, insbesondere FN 3
114 Ogorek, aaO, S. 81
115 Ogorek, aaO, S. 81
116 Ogorek, aaO, S. 82

Im 19. Jahrhundert befürworteten vor allem die Germanisten eine analoge Anwendung der *actio de recepto* auf die genannten Fälle.[117] Die Begründungen waren dabei nicht einheitlich und erstreckten sich von einer strengen Quellenexegese über den Hinweis auf entsprechende Tendenzen in der Partikulargesetzgebung bis zu der Ausmachung eines entsprechenden Verkehrsbedürfnisses, welchem insbesondere wegen der bei der Rechtsverfolgung regelmäßig auftretenden, erheblichen Beweisschwierigkeiten Rechnung zu tragen sei.[118]

Maßgebliche Vertreter der romanistischen Lehre lehnten eine analoge Anwendung der *actio de recepto* indes ab und begründeten ihre Ansicht vor allem mit der Behauptung, dass die Rezeptenhaftung nicht Ausdruck eines verallgemeinerungsfähigen Prinzips sei, sondern singuläres, spezielles Recht, welches einer analogen Erweiterung schon prinzipiell nicht zugänglich sei.[119] Andere Stimmen aus der Romanistik bestritten bereits das Bedürfnis nach einer Analogie oder versuchten, die für eine Analogie sprechenden Argumente zu widerlegen.[120]

Die eine Analogie ablehnende Haltung ist insoweit bemerkenswert, als Teile der deutschen Partikulargesetzgebung sowie verschiedene ausländische Zivilrechtsordnungen, wenn auch im Einzelnen mit durchaus unterschiedlichen Regelungen, in den erörterten Fällen eindeutig zu einer Haftungsverschärfung tendierten. So bestimmte etwa PrALR II, 8, 2459, dass Fuhrleute jeden Verlust oder Schaden zu vertreten haben, den sie selbst oder ihre Gehilfen verschuldet haben.[121] Das österreichische Recht ordnete in §§ 970, 1316 ABGB an, dass Fuhrleute wie Schiffer und Wirte nach den Grundsätzen der Rezeptenhaftung zu behandeln sind.[122] Der Entwurf eines Handelsgesetzbuches für das Königreich Württemberg regelte in seinem Artikel 111, dass der Fuhrmann für jeden Schaden an dem ihm anvertrauten Gut haftet, sofern nicht ein Eigenverschulden des Versenders oder höhere Gewalt vorliegen.[123] Endlich regelte das als Partikularrecht in den meisten deutschen Einzelstaaten geltende allgemeine deutsche Handelsgesetzbuch von 1861, dass der Güterlandverkehr den Grundsätzen der Rezeptenhaftung unterliege.[124]

---

117 Nachweise bei Ogorek, aaO, S. 82 FN 7
118 Vgl. Müller, Über die de recepto actio, S. 42 ff.; Ogorek, aaO, S. 83
119 Ogorek, aaO, S. 82
120 Seuffert, Praktisches Pandektenrecht, Bd. 2, § 405, S. 377; Vangerow, Pandekten III, § 648 Anm. 2; Sintenis, Das practische gemeine Civilrecht, Bd. 2, §120 S. 694 Anm. 1; Burchardi, Verantwortlichkeit, S. 183; differenzierend: Puchta, Vorlesungen, § 314 S. 179
121 Nachweis b. Ogorek, aaO, S. 83
122 Nachweis b. Ogorek, aaO, S. 83
123 Nachweis b. Ogorek, aaO, S. 83 FN 13
124 Endemann, Das deutsche Handelsrecht, S. 39 ff.; weitere Nachweise bei Ogorek, aaO, S. 84 FN 5; s. im übrigen dazu im folgenden 6.2.2.2 der Arbeit

Durch diese Entwicklung der Gesetzgebung verlor die Frage nach einer Analogie der Rezeptenhaftung in der Praxis zunehmend an Bedeutung, da zumindest die dem jeweiligen Gesetz unterworfenen Gerichte die neuen Vorschriften anzuwenden hatten. Gleichwohl wurde das Analogieproblem weiter literarisch behandelt und finden sich nach wie vor in der pandektistischen Literatur Äußerungen, welche sich, – im Wesentlichen unter Beibehaltung der Argumentation mit dem aus der Spezialität der *actio de recepto* abgeleiteten Analogieverbot, – namentlich gegen eine Erweiterung der Rezeptenhaftung auf den Güterlandverkehr aussprachen.[125]

6.2.2.1.2.2 Haftung für Hilfspersonen

Sehr anschaulich lässt sich die Kontroverse zwischen Treue zum Schulddogma einerseits und dem Verkehrsbedürfnis nach einer verschärften, verschuldensunabhängigen Haftung andererseits dokumentieren, welche die Rechtswissenschaft seit der Mitte des 19. Jahrhunderts zunehmend beschäftigte.[126] Es galt, die Auswirkungen eines mobilisierten Wirtschaftslebens juristisch zu bewältigen, welches sich dadurch auszeichnete, dass Delegation der Ausführung vertraglicher Verpflichtungen an ganze Hierarchien von Hilfspersonen zur Regel und die Erfüllung durch den Schuldner in Person zur Ausnahme wurde.[127] Weil, wie es der Volkswirt Braun formulierte,

auf einem Minimum von Raum, in einem Minimum von Zeit ein Maximum an Produktion angestrebt würde, sei die Einzelarbeit von arbeitsteiligen Herstellungsverfahren abgelöst worden, welche es mit sich brächten, daß einer tragen muß, was der Andere anrichtet und daß alle leiden können unter dem Fehler des Einzelnen.[128] Dazu kommt die hochentwickelte Technik, die Kompliziertheit der Maschinen, wobei der geringste Fehler, welcher die nur mühsam dem Menschen unterworfenen Naturkräfte entfesselt, die schlimmsten und weittragendsten Folgen hat. Daraus ergibt sich die Notwendigkeit, den Umfang des Begriffs der zum Schadensersatze verpflichteten Personen zu erweitern, namentlich auch bis zu den obersten Sprossen der Leiter hinaufzusteigen und sie mit den untersten in eine Verbindung zu bringen.[129]

Mit diesen Worten hat Braun der herrschenden pandektistischen Lehre vorgeworfen, die Schadensregulierung unter Missachtung wirtschaftstheoretischer

---

125 Windscheid, Lehrbuch des Pandektrechts (1870), Bd. 2, S. 384 a. E.; Waentig, Über die Haftung für fremde unerlaubte Handlungen, S. 57 f.;

126 Ogorek, aaO, S. 68

127 Ogorek, aaO, S. 68

128 Braun, Über Haftbarkeit bei Unfällen, in: Volkswirtschaftliche Vierteljahresschrift, Band 25, S. 231; weiterer Nachweis bei Ogorek, aaO, S. 69 FN 3

129 Nachweis bei Ogorek, aaO, S. 69 FN 4

Gesetze vorzunehmen, aus welchen folge, dass der Unternehmer, der den Nutzen aus der Tätigkeit seiner Hilfspersonen ziehe, auch für den Schaden einstehen müsse, welche diese beim Geschäftsbetrieb verursachten.[130]

Die herrschende Lehre und ihr folgend die überwiegende Rechtsprechung ließ den Geschäftsherrn nur bei eigenem Verschulden haften, sofern nicht ausnahmsweise andere Erwägungen haftungsbegründend wirkten; übrig blieb in der Praxis in erster Linie der Grundsatz, dass der Geschäftsherr nur für eigenes Verschulden haftbar war. Wenn dem Geschäftsherrn kein Vorwurf bezüglich Auswahl oder Überwachung seiner Gehilfen gemacht werden konnte, wenn er nicht unerlaubt substituiert hatte und auch nicht infolge eines Garantieversprechens oder einer gesetzlichen Ausnahmebestimmung zu weitergehender Haftung herangezogen wurde, so konnte er für einen Schaden, welche seine Hilfspersonen unbeteiligten Dritten oder Vertragspartnern zugefügt hatten, nicht haftbar gemacht werden.[131] Für diesen Schaden waren allein die verursachenden Hilfspersonen haftbar, soweit diese ein Verschulden traf. In Bezug auf die – vertragliche wie deliktische – Gehilfenhaftung war die herrschende Lehre der festen Überzeugung, dass niemand von seinem Schuldner mehr verlangen könne, als dass er einen tüchtigen Mensch *(hominem idoneum)* anstelle, für dessen nicht zu erwartendes Fehlverhalten er nicht haftbar sei.[132] Die Frage der Haftung des Geschäftsherrn für Gehilfen wird auf den Gesichtspunkt des Auswahlverschuldens reduziert.[133]

Diesem Aspekt wurden sämtliche Quellenbelege untergeordnet, selbst wenn diese, wie D. 19. 2. 25. 7, dem Werkunternehmer die Einstandspflicht für seine Gehilfen unabhängig von einem Verschulden des Geschäftsherrn auferlegen.[134] Einig war man sich auch in der Ablehnung der naturrechtlich geprägten Lehre Glücks und Thibauts, wonach der Geschäftsherr für alle Handlungen einzustehen habe, welche etwa der *magister navis* (Schiffsführer/Kapitän) begeht.[135] Es gab zwar durchaus Gerichtsentscheidungen, welche den Geschäftsherrn unabhängig von eigenem Verschulden für deliktische Handlungen seines *magister navis* haften ließen.[136] Diese blieben jedoch vereinzelt und beeinflussten die herrschende Meinung in der Literatur nicht.[137] So blieb bis zu den sechziger Jahren des 19. Jahrhunderts der gemeinrechtliche Grundsatz der Eigenschuldhaftung des

---

130 Nachweis beiOgorek, aaO, S. 69 FN 6
131 Ogorek, aaO, S. 71
132 Hasse, Die Culpa des Römischen Rechts, S. 533 ff., S. 541 f.; vgl. Anmerkungen dazu von Ogorek, aaO, S. 72 FN 12
133 Ogorek, aaO, S. 72
134 Ogorek, aaO, S. 72
135 Ogorek, aaO, S. 73
136 Vgl. OAG Celle, SeuffA Bd. 5, Nr. 164 S. 208 f.
137 Ogorek, aaO, S. 73

Geschäftsherrn maßgeblich, dieser war im Übrigen auch in meisten Partikulargesetzen kodifiziert.[138]

Eine wirkliche und dann auch heftige Diskussion kam in der Literatur erst auf, als Ubbelohde 1860 die These aufstellte, dass die Römer einen grundsätzlichen Unterschied gemacht hätten zwischen der gewerblichen und nicht gewerblichen Hinzuziehung dritter Personen, welcher auch für die Haftung des Geschäftsherrn maßgeblich gewesen sei; der gewerbliche Unternehmer, der zur Erfüllung seiner geschäftlichen Verbindlichkeiten Hilfspersonen heranziehe, müsse deren Verschulden vertreten, ohne dass es auf eigenes Verschulden ankomme.[139] Begründet hat Ubbelohde diese weitgehende Einstandspflicht des Geschäftsherrn einerseits mit der Annahme einer stillschweigenden Garantieübernahme des Geschäftsherrn bezüglich der Pflicht zur sorgfältigen Auswahl seiner Gehilfen, andererseits mit dem wirtschaftlichen Argument, dass der Unternehmer die Möglichkeit habe, eventuelle Haftungsbeträge als Generalspesen vom Unternehmergewinn abzusetzen.[140] Bei allen entgeltlichen Verträgen, so Ubbelohde später in seiner „Theorie von der Assecuranzprämie", liege in dem vereinbarten Entgelt eine anteilige Versicherungsprämie für das mit der Zuziehung von Gehilfen verbundene Risiko.[141]

Ubbelohde betonte ausdrücklich, seine Theorie nicht mit einer herkömmlichen juristischen Quelleninterpretation begründen zu wollen, welche eine so weitgehende Einstandspflicht für Handlungen Dritter auch nicht hergegeben hätte.[142] Den veränderten sozialen und technischen Bedingungen müsse, so Ubbelohde, durch analoge Anwendung passend erscheinender römisch-rechtlicher Rechtssätze Rechnung getragen werden. Nicht das Traktieren der alten Entscheidungen sei wesentlich, vielmehr habe die Rechtswissenschaft die Aufgabe, die neuen Lebensverhältnisse der Moderne zu erfassen und die Rechtssätze den Bedürfnissen, und nicht die Bedürfnisse den Rechtssätzen anzupassen.[143]

Diese Thesen Ubbelohdes lösten eine heftige Diskussion aus, wobei die Mehrzahl der Literaturstimmen Ubbelohdes Theorie verwarf.[144] Kernargument dieser ablehnenden herrschenden Meinung war, dass es nicht Sache der Rechtswissenschaft sein könne, derartig weitreichende Korrekturen an dem geltenden Haftungsrecht vorzunehmen, sondern dass dazu allein der Gesetzgeber befugt

---

138 Vgl. Nachweise bei Ogorek, aaO, S. 75 f. FN 27
139 Ubbelohde in Archiv für praktische Rechtswissenschaft, S. 232
140 Ubbelohde, aaO, S. 252 ff., S. 260
141 Ubbelohde in ZHR Bd. 7, S. S. 275
142 Ogorek, aaO, S. 77 f.
143 Ubbelohde in ZHR Bd. 7, S. 204; vgl. dazu Ogorek, aaO, S. 78 FN 39
144 Ogorek, aaO, S. 78

sei.[145] Die von Ubbelohde propagierte, von einem Verschulden des gewerblichen Unternehmers unabhängige Gehilfenhaftung wurde als mit dem geltenden Recht nicht vereinbar und insoweit als gesetzwidrig bezeichnet.[146]

Es fand sich allerdings auch eine nicht geringe Anzahl von Literaturstimmen, welche durchaus erkannten, dass die Bedürfnisse des Rechtsverkehrs eine Beschränkung der Haftung auf *culpa in eligendo* nicht mehr zuließen, und eigenständige Lösungsansätze entwickelten, welche den Grundsatz der Eigenschuldhaftung des Geschäftsherrn deutlich aufweichten und in der Extremposition Endemanns gipfelten, den Geschäftsherrn auch für Zufall haften ließen, ohne dass es überhaupt noch auf irgendein Verschulden, sei es des Geschäftsherrn oder seiner Gehilfen, ankommen sollte.[147]

Die von Ubbelohde ausgelöste Diskussion bewirkte, dass im Bereich der Gehilfenhaftung das bis dahin streng durchgehaltene Verschuldenshaftungsprinzip (Eigenverschuldenshaftung des Geschäftsherrn) deutlich aufgelockert und offen für Ansätze einer vom Verschulden des Geschäftsherrn unabhängigen Haftung wurde, welche sich insbesondere in dem späteren § 278 BGB niedergeschlagen haben.

6.2.2.2 Die Gefährdungshaftung in der Spezialgesetzgebung

Die in den Naturrechtskodifikationen festgehaltene Verschuldensregel wurde alsbald durch zahlreiche Ausnahmen in Spezialgesetzen durchbrochen. So wurde in Österreich die unbedingte Tierhalterhaftung eingeführt und unterschiedlich ausgestaltet je nachdem, ob der Eigentümer des schadenstiftenden Tieres vermögend war oder nicht.[148]

Bei den ersten Schritten zu einer Reform des Schadensersatzrechts in Deutschland bemerkte man, dass in diesem Punkt allein das HGB von 1861 ausreichend sei.[149] Dieses begründete – nach älteren Vorbildern – die unbedingte Einstandspflicht des Landfrachtführers und des Reeders für ihre Leute und ihre absolute Haftung für das übernommene Gut.[150]

---

145 Goldschmidt in ZHR Bd. 16, S. 287 ff.; vgl. dazu Anmerkung bei Ogorek, aaO, S. 79 FN 42

146 Ogorek, aaO, S. 79

147 Endemann, Das Deutsche Handelsrecht, S. 729

148 Nachweis bei Benöhr, Außervertragliche Haftung in FS Kaser 1976, S. 706 FN 82

149 Benöhr, aaO, S. 706

150 Vgl. Nachweise bei Benöhr, aaO, S. 706 FN 84: analoge Rezeptenhaftung; s. dazu bereits 6.2.2.1.2 dieser Arbeit.

Desgleichen haftete die Post nach dem preußischen Gesetz von 1852 für bestimmte Sendungen ohne allfälliges Verschulden.[151]

Der Anfang des modernen Haftpflichtrechts geht zurück auf die Entwicklung des Eisenbahnwesens. 1838, dreizehn Jahre nach dem Bau der ersten Eisenbahn durch Stevenson, drei Jahre nach der Eröffnung der Eisenbahnlinie von Nürnberg nach Fürth, umfasste das Eisenbahnnetz in Preußen 158 km; die Eröffnung der Strecke Berlin – Potsdam stand bevor. Da erließ Preußen das „Gesetz über Eisenbahnunternehmungen" (pr. GS 505).[152]

Bewusst vom ALR und vom gemeinen Recht abweichend bestimmte dessen § 25:

> *„Die Gesellschaft ist zum Ersatz verpflichtet für allen Schaden, welcher bei der Beförderung auf der Bahn an den auf derselben beförderten Personen und Gütern oder auch an anderen Personen oder deren Sachen entsteht, und sie kann sich von dieser Verpflichtung nur durch den Beweis befreien, dass der Schaden entweder durch die eigene Schuld des Beschädigten oder durch einen unabwendbaren äußeren Zufall bewirkt worden ist. Die gefährliche Natur der Unternehmung selbst ist als ein solcher, von dem Schadensersatz befreiender Zufall nicht zu betrachten."*

Die Vorschrift wurde bald in andere Rechtsordnungen übernommen.[153] Sie gewährte unbeteiligten Dritten, die durch den Betrieb der Bahn zu Schaden gekommen waren, einen starken Schutz und sollte insbesondere den als besonders gefährlich empfundenen Arbeitsbedingungen der Eisenbahnbediensteten Rechnung tragen.[154] Dieser Zweck wurde indes gegenüber der Gruppe der Eisenbahnbediensteten nur unzulänglich erreicht, da die Eisenbahngesellschaften zunehmend dazu übergingen, niemanden fest anzustellen, der nicht bindend auf seine Rechte nach § 25 Preußisches Eisenbahngesetz verzichtet hatte.[155] Diese Möglichkeit der Haftungsfreizeichnung, von welcher ausgiebig Gebrauch gemacht und welche von der herrschenden Rechtsprechung und Literatur gebilligt wurde, bestand für die Eisenbahngesellschaften bis 1869, als durch Gesetz diese Haftungsausschlüsse generell für unwirksam erklärt wurden.[156] Wegen dieser Schwäche im Haftungsrechtsschutz hat das preußische Eisenbahngesetz wohl keine Bedeutung bei den Beratungen des Reichshaftpflichtgesetzes von 1871 (RHG) gehabt.[157] Gleichwohl hat der Rechtsgedanke der verschuldensunab-

---

151 Benöhr, aaO, S. 706
152 Benöhr, aaO, S. 707
153 Vgl. Nachweise bei Benöhr, aaO, S. 707 FN 87
154 Ogorek, aaO, S. 63 mit Nachweis in FN 7
155 Ogorek, aaO, S. 63 mit Nachweis in FN 8
156 Nachweis bei Ogorek, aaO, S. 63 FN 9
157 Benöhr, aaO, S. 707

hängigen Gefährdungshaftung durch das preußische Eisenbahngesetz Auftrieb bekommen und dazu beigetragen, dass sich zumindest im Bereich der Eisenbahnunternehmerhaftung der Gedanke durchzusetzen begann, dass gewisse Erscheinungen des modernen Verkehrslebens mit dem allgemeinen, Verschulden voraussetzenden Schadensersatzrecht nicht mehr angemessen zu bewältigen waren.[158]

Bemerkenswert ist dabei, dass auch diejenigen Gerichte, welche § 25 Preußisches Eisenbahngesetz nicht als unmittelbar geltendes Recht anzuwenden hatten, von dieser Norm beeinflusst wurden und, wie etwa das OAG Lübeck, für den Bereich der Eisenbahnhaftung eine regelrechte Gefährdungshaftungstheorie entwickelten, welche sowohl das materielle Schadensrecht wie auch die Beweislage des Klägers modifizierte.[159] Gleichgültig, ob die Schadensersatzklage auf Vertrag oder Delikt gestützt werde, so das OAG Lübeck, müsse im Eisenbahnrecht wegen der besonderen Natur und Einrichtung des Eisenbahnbetriebes entgegen den sonst geltenden allgemeinen Grundsätzen nicht der Kläger das Verschulden der Eisenbahngesellschaft beweisen sondern die Gesellschaft dessen Fehlen.[160] Anhand dieser Argumentation ist ersichtlich, dass das Verschuldenserfordernis bei der speziell eisenbahnrechtlichen geprägten Schadensersatzhaftung materiell zwar aufgegeben, formal jedoch weiterhin als unabdingbare Voraussetzung der Schadensersatzpflicht aufgeführt wurde.[161] Zu Recht sieht daher Ogorek in der soeben erörterten Haftung des Eisenbahnunternehmers ein frühes Beispiel für den heute noch feststellbaren Widerspruch zwischen der sublimen Unterwanderung des Verschuldenshaftungsprinzips durch Gefährdungshaftungselemente und einer deutlichen Schwäche der Gefährdungshaftungsidee bei offener Konfrontation mit dem Verschuldensgedanken.[162]

Das RHG, welches mit dem heutigen Haftpflichtgesetz in wesentlichen Teilen übereinstimmt, begründete als Neuheit in seinem § 1 eine unbedingte, d. h. vom Verschulden unabhängige Haftung des Eisenbahnunternehmers für alle Personenschäden, die beim Betrieb der Eisenbahn auftraten.[163] Haftungsbefreiung wurde nur gegeben bei Eigenverschulden des Geschädigten oder bei Vorliegen höherer Gewalt, beides jeweils vom Anspruchsgegner zu beweisen.[164] § 2 des RHG konstituierte eine Haftung der Besitzer von Bergwerken, Steinbrüchen, Gräbereien und Fabriken für das Verschulden ihrer leitenden Angestellten (Repräsentanten).

---

158 Ogorek, aaO, S. 63 mit Nachweis in FN 10
159 Ogorek, aaO, S. 67; Nachweise bei Ogorek, S. 65 FN 18
160 Ogorek, aaO, S. 66
161 Ogorek, aaO, S. 67
162 Ogorek, aaO, S. 67 f.
163 Ogorek, aaO, S. 101
164 Ogorek, aaO, S. 101 f.

§ 5 RHG ermächtigte den Richter zur freien Beweiswürdigung sowie zur Schadensschätzung, letzteres heute noch nach § 287 ZPO gesetzlich vorgeschrieben und selbstverständlich.[165] § 3 RHG schließlich erkannte auch Hinterbliebenen und Angehörigen im Rahmen ihrer Unterhaltsberechtigungen Ersatzansprüche zu. Die Beweislast für das Verschulden des Repräsentanten war dem Verunglückten bzw. seinen Angehörigen und Hinterbliebenen zuwiesen.[166]

Mit dem RHG reagierte der Gesetzgeber auf das Phänomen sich häufender schwerer Unfälle in den zur Haftung herangezogenen Betrieben. Das RHG wurde selbst von seinen Befürwortern nicht als endgültige Lösung der anstehenden Probleme gesehen, sondern vielmehr als ein Spezialgesetz, welches wegen der Dringlichkeit der erörterten Haftungsfragen und des damit einhergehenden Drucks der öffentlichen Meinung relativ schnell erlassen werden musste und sich dabei zwecks Vermeidung grober dogmatischer Widersprüche nicht allzu weit von den allgemein geltenden Rechtsgrundsätzen entfernen durfte.[167]

§ 1 RHG sollte nach einer Empfehlung des 26. Deutschen Juristentages von 1902 auf die Halter von Kraftfahrzeugen entsprechend ausgedehnt werden.[168] Der erste, im Jahre 1906 vom Bundesrat beschlossene Entwurf eines Kfz–Gesetzes folgte diesem Votum, statuierte die unbedingte Einstandspflicht des Eigentümers und sah davon nur ab, wenn der Unfall durch höhere Gewalt oder durch ein eigenes Verschulden des Verletzten verursacht worden ist.[169]

Der Widerstand gegen die Gefährdungshaftung bei Kfz war aber so heftig, dass der zweite Entwurf des Bundesrates von 1908 zu einer lediglich durch eine Beweislastumkehr modifizierten Verschuldenshaftung zurückkehren musste. Das vom Reichstag 1909 verabschiedete Gesetz über den Verkehr mit Kraftfahrzeugen spiegelt in seinem § 7 II deutlich den Kompromiss wieder.[170]

Das RHG erfasste auch nur ungefähr die Hälfte aller Arbeitnehmer und ließ so unfallträchtige Bereiche wie das Bauwesen, die Landwirtschaft, die Schifffahrt und Fischerei außen vor.[171] Die aus diesen Gründen wiederholt geforderte Revision des Gesetzes wurde von den Regierungen der Bundesstaaten des Deutschen Reiches[172] (sog. verbündete Regierungen) verweigert. Bismarck verfolgte die Sicherung der Arbeitnehmer im Wege der Unfallversicherung. In der Schweiz hin-

---

165 Ogorek, aaO, S. 102
166 Benöhr, aaO, S. 708
167 Ogorek, aaO, S. 103
168 Benöhr, aaO, S. 707
169 Nachweis bei Benöhr, aaO, S. 707 FN 88
170 Benöhr, aaO, S. 708
171 Benöhr, aaO, S. 708
172 Vgl. Verfassung des Deutschen Reiches vom 16.04.1871, abgedruckt bei Hildebrandt, Die deutschen Verfassungen d. 19. u. 20 Jhdts., S. 54 ff.

gegen wurde der Betriebsunternehmer auch dann für haftbar erklärt, wenn ein Verschulden seiner Leute nicht obwaltete.[173]

In der juristischen Fachwelt fand das neue RHG durchaus heftige Kritik.[174] Endemann kritisierte den Systembruch, welcher darin liege, dass der Gesetzgeber den Begriff der Gefährlichkeit der Unternehmung zum Haftungskriterium erhoben habe, obwohl dieser Begriff dazu untauglich sei.[175] Das RHG folge insoweit keinem einheitlichen Prinzip und verursache daher eine tiefgreifende Störung im bisherigen, vom Schulddogma geprägten System des Obligationenrechts.[176] Zu weit ging Endemann auch die verschuldensunabhängige Haftung des Arbeitgebers zugunsten der Arbeitnehmer; Arbeitgeber und Arbeitnehmer stünden sich als rechtlich durchaus gleichberechtigte Kontrahenten gegenüber, so dass es keinen Grund gebe, das Risiko eines vom Arbeitgeber nicht verschuldeten Arbeitsunfalls des Arbeitnehmers auf den Arbeitgeber zu verlagern.[177] Eine Haftung für fremde *culpa* komme allenfalls gegenüber Dritten, nicht jedoch innerhalb des Arbeitsverhältnisses in Frage; innerhalb des Arbeitsverhältnisses hafte eine jede Vertragspartei nur für eigenes Verschulden.[178]

Über die rein juristisch-dogmatische Argumentation hinaus sah Endemann von seinem politisch liberal geprägten Standpunkt her blickend die gesamte Tendenz des RHG als dubios an. Denn trotz zahlreicher Gegenbeteuerungen habe es einen eindeutig „sozialistischen Beigeschmack", woran auch die mit dem Gesetz erklärtermaßen beabsichtigte Abstellung sozialen Unrechts nichts ändern könne.[179]

Baron, prominenter Vertreter der Pandektenwissenschaft im 1873 gegründeten Verein für Sozialpolitik,[180] sah in juristisch-dogmatischer Hinsicht ebenfalls wie Endemann den Systembruch, den die spezialgesetzliche Einführung insbesondere der verschuldensunabhängigen Haftung mit sich brachte, und hätte es vorgezogen, wenn diese Art der Haftung im Rahmen einer Gesamtreform des Obligationenrechts erfolgt wäre.[181] In rechtspolitischer Hinsicht ging Baron das RHG indes nicht weit genug. So sprach er sich nicht nur für eine Ausdehnung der in § 2 RHG begründeten Haftung des Arbeitgebers für Verschulden seiner leiten-

---

173 Nachweis bei Benöhr, aaO, S. 708 FN 91
174 Pointiert und teilweise polemisch Endemann, Nachweis bei Ogorek, Gefährdungs-
     haftung, S. 106 ff.
175 Nachweise b. Ogorek, aaO, S. 108 FN 13
176 Nachweis bei Ogorek, aaO, S. 108 FN 14
177 Nachweis b. Ogorek, aaO, S. 109
178 Nachweis b. Ogorek, aaO, S. 109 FN 17
179 Nachweis bei Ogorek, aaO, S. 110 FN 20
180 Vgl dazu Anmerkungen bei Ogorek, aaO, S. 110 FN 21
181 Ogorek, aaO, S. 111

den Angestellten auf sämtliche Arbeitsverhältnisse aus, sondern plädierte darüber hinaus für die anteilige Haftung des Unternehmers für Schäden, welche seinen Arbeitnehmern anlässlich der Berufsausübung entstanden sind, seien diese zufällig entstanden oder vom Arbeitnehmer durch Fahrlässigkeit verursacht worden.[182] Hier scheinen bereits die Haftungsgrundsätze des modernen Arbeitsrechts des 20. Jahrhunderts durch.

Bemerkenswert an dieser exemplarisch aufgezeigten Diskussion um das moderne Haftpflichtrecht ist, wie Ogorek zu Recht herausstellt, dass sich der Diskussionsschwerpunkt auch bei den pandektistischen Juristen vom fachlich-dogmatischen auf das rein politische Feld zu verlagern begann. Es ging immer weniger darum, neben der Schuldhaftung ein neues allgemeines Prinzip für verschuldensunabhängige Haftung zu erarbeiten und ggf. in das bestehende Schuldrechtssystem einzufügen, sondern zunehmend um eine der jeweiligen sozialpolitischen Überzeugung angemessene, haftungsrechtliche Ausgestaltung des Verhältnisses zwischen Arbeitgeber und Arbeitnehmer.[183] Hatte man sich anfangs noch gefragt, wie durch Ausdehnung der Bestimmungen des RHG das allgemeine Haftungsrecht den modernen industriell geprägten Verhältnissen angepasst werden könne, so stand später ausschließlich die Verbesserung der Lage der Arbeiternehmer im Vordergrund.[184] Als man diese Verbesserung mit Einführung der gesetzlichen Unfallversicherung durch Gesetz vom 27.06.1884[185] erreicht zu haben glaubte, erlosch das Interesse des Gesetzgebers an einer umfänglichen Haftpflichtreform.[186] Die Diskussion um die dogmatische Bewältigung des Prinzips der verschuldensunabhängigen Haftung wurde jedoch im Zuge der Diskussion um RHG und Unfallversicherungsgesetz von der Literatur seit der Mitte der 80er Jahre des 19. Jahrhunderts aufgegriffen[187] und spielte bei der Entstehung des BGB eine Rolle, auf welche noch einzugehen sein wird. Als letztes Beispiel für die Schaffung verschuldensunabhängiger Haftungstatbestände im Wege der Spezialgesetzgebung soll § 87 der Reichs-Civilprozeßordnung von 1877[188] erwähnt werden, welcher der im Zivilprozess unterlegenen Partei die Kosten des Rechtsstreits auferlegt, unabhängig davon ob diese ihr Unterliegen im Prozess verschuldet hat oder nicht. Zur Begründung wurde ausgeführt, dass es ungerecht

---

182 Ogorek, aaO, S. 112
183 Ogorek, aaO, S. 112
184 Ogorek, aaO, S. 113
185 Nachweis bei Ogorek, aaO, S. 119 FN 25
186 Ogorek, aaO, S. 113
187 Ogorek, aaO, S. 113
188 Heute § 91 ZPO

sei, die Kostentragungspflicht der unterlegenen Prozesspartei von ihrem Verschulden abhängig zu machen.[189]

Nach alledem ist festzustellen, dass es zwar eine bemerkenswerte Vielzahl
von spezialgesetzlich normierten Tatbeständen einer verschuldensunabhängigen
Haftung im 19. Jahrhundert gegeben hat, von einer einheitlichen Ausprägung des
Gedankens der verschuldensunabhängigen Haftung in diesen Gesetzen allerdings
nicht die Rede sein konnte. Diese waren vielmehr sämtlich sachlich relativ eng
begrenzte Spezialregelungen, welche die nach wie vor geltende Obligationensys-
tematik des gemeinen Rechts praktisch kaum tangierten. Andererseits teilte die
Gesetzgebung des 19. Jahrhunderts, wie gezeigt, durchaus nicht den Standpunkt
Jherings, wonach nicht der Schaden zum Ersatz verpflichte, sondern allein die
Schuld; diesen Standpunkt hatte Jhering als für das klassische und das gemeine
römische Recht maßgeblich angesehen.[190] Dieser Befund gibt Anlass zu weiteren
Untersuchungen insbesondere zu der Frage, welchen Standpunkt das gemeine
Recht zur Frage des Verhältnisses von Verschuldenshaftung und verschuldensu-
nabhängiger Haftung eingenommen hat. Dies soll im Folgenden untersucht wer-
den.

6.3 Schuldprinzip und verschuldensunabhängige Haftung in der Pandek-
tenwissenschaft

Die pandektistische Rechtswissenschaft des 19. Jahrhunderts war entscheidend
geprägt von einem strengen Schuldprinzip.[191] Nur der schuldhaft verursachte
Schaden verpflichtete danach zum Schadensersatz. Demgegenüber wurden die
durchaus gegebenen Ansätze einer verschuldensunabhängigen Haftung vernachlässigt und eher als ein störender Fremdkörper in dem vom Verschuldensprinzip
geprägten Haftungsrecht angesehen. Im Folgenden sollen wichtige Einzelheiten
dieser Entwicklung in der pandektistischen Rechtswissenschaft hin zum Schuldprinzip und weg von der verschuldensunabhängigen Haftung näher betrachtet
werden.

---

189   Benöhr, aaO, S. 708, insbesondere weitere Nachweise in FN 92
190   Benöhr, aaO, S. 709
191   Ogorek, Gefährdungshaftung, S. 46

6.3.1 Entwicklung hin zum Schuldprinzip

Das Ethos des klassischen Rechtsstaats des 19. Jahrhunderts basierte im Wesentlichen auf dem formalen Freiheitsbegriff Kants.[192] Ausgehend von der sittlichen Autonomie der Persönlichkeit des eigenverantwortlich handelnden, vernunftbegabten Individuums wird die Freiheit als das einzige ursprüngliche Recht anerkannt, welches dem Menschen kraft seines Menschseins zukommt.[193] Das Recht hat dabei die Aufgabe, die Freiheit des einzelnen Individuums durch Respektierung seines Willens zu schützen, und soll nur dort intervenieren, wo die Freiheit des einen mit der Freiheit eines anderen kollidiert.[194]

Auf das Recht des Schadensersatzes bezogen bedeutet dies, dass das Recht dem Missbrauch der Handlungsfreiheit entgegenzuwirken sowie erfolgte Zuwiderhandlungen zu sanktionieren hat.[195] Dieser Rechtslehre entspricht in geradezu idealer Weise das Schuldprinzip, indem es sich nicht am Schaden orientiert und diesen ausgleichen will, sondern die schädigende Handlung zum maßgeblichen Bezugspunkt erhebt; nur wenn diese Handlung im Rechtssinne vorwerfbar ist, wird eine Schadensersatzpflicht ausgelöst, andernfalls bleibt die dann schuldlose Schadensverursachung sanktionslos.[196] Die Schuldhaftung ist keine Erfindung des 19. Jahrhunderts, bereits im Naturrecht stand der Verschuldensgrundsatz an der Spitze des Haftungssystems.[197] Doch während das Naturrecht mit Schuldfiktionen und überhöhten Haftungsmaßstäben erhebliche Durchbrechungen kannte,[198] geraten diese Ausnahmen zum Verschuldensgrundsatz am Anfang des 19. Jahrhunderts entweder in das Kreuzfeuer der Kritik, soweit sie wie die *culpa levissima* oder die *Garantie-custodia* dogmatisch von Bedeutung sind, oder in Vergessenheit, soweit sie, wie etwa die Quasi-Delikte, für unwesentlich gehaltene Spezialvorschriften darstellen.[199] Das Schulddogma wird zunehmend zum dominanten Zurechnungsprinzip.

Zur Legitimationsgrundlage des Schulddogmas wurde die Herausarbeitung eines angeblichen *culpa*-Prinzips des römischen Rechts, welches im Wesentlichen zurück geht auf die Arbeiten von Löhr und Hasse. Diese sollen im Folgenden näher vorgestellt werden.

---

192 Wieacker in FS 100 Jahre Dt. Juristentag, S. 9
193 Kant, Metaphysik der Sitten, S. 345
194 Ogorek, aaO, S. 23
195 Ogorek, aaO, S. 23
196 Ogorek, aaO, S. 24
197 Jentsch, Entwicklung, S. 5ff.; Hochstein, Obligationes quasi ex delicto, S. 104 ff.
198 Ehrenzweig, Die Schuldfrage im Schadensersatzrecht, S. 32 ff.
199 Ogorek, aaO, S. 24

6.3.1.1 Culpa-Theorien Löhrs und Hasses

Zurückgehend auf die kantische Erkenntnistheorie, nach welcher das Verhältnis allen Einzel- oder Fachwissens zum philosophischen Grund- oder Gesamtwissen abzuklären war, entwickelte Löhr auf der Basis einer Exegese der römischen Quellen in seiner gleichnamigen Schrift seine „Theorie der Culpa".[200] Diese Theorie stellte für den Bereich der außervertraglichen Haftung zwei Voraussetzungen auf, welche die Ersatzpflicht bezüglich eines entstandenen Schadens begründen. Die erste und wichtigste ist, dass widerrechtlich (mit *culpa*) geschadet worden ist; die zweite, dass eine Handlung des Schädigers den Schaden verursacht hat.[201]

An der Widerrechtlichkeit fehlte es, wenn der Schädiger zu der betreffenden Handlung berechtigt war.[202] An der zweiten Bedingung fehlte es, wenn der Geschädigte selbst oder ein Dritter die Schadensursache gesetzt hat, oder wenn eine Handlung im Rechtssinne nicht vorlag.[203] Unerörtert blieb, wieso gerade und ausschließlich die culpose Handlung haftungsauslösend wirken sollte. Dabei sprach Löhr nicht von Schuld oder schuldhaftem Handeln, sondern immer nur von *culpa* und culposem Handeln. Wie Ogorek deutlich herausgearbeitet hat, lag dem wohl die Vorstellung zugrunde, dass sich die Zurechenbarkeit einer Handlung nicht an deren Vorwerfbarkeit, sondern an dem durch diese verursachten schädlichen Erfolg orientiert.[204] Dies bedeutet allerdings nicht, dass Löhr als Vertreter einer objektiven Haftungstheorie anzusehen wäre.[205] Dagegen spricht eindeutig, dass nach Löhr *culpa*-unfähige Personen, wie Minderjährige und Wahnsinnige, von jeglicher Haftung freigestellt sind.[206] Die „Theorie der Culpa" Löhrs entpuppt sich bei näherer Hinsicht als systematische Zusammenstellung derjenigen Quellentexte, in denen *culpa* als Haftungsgrund erscheint, verbunden mit der unbewiesenen Behauptung, dass es einen anderen Grund für außervertragliche Haftung nicht gebe.[207] Nicht erörtert wurde der innere Grund, welcher *culpa* zur unverzichtbaren Haftungsvoraussetzung machen soll. Der *culpa*-Begriff erscheint dabei so vielschichtig und nach allen Seiten offen, dass er theoretisch als Grundlage sowohl für eine verschuldensunabhängige wie für eine verschuldensabhängige Haftung geeignet gewesen wäre; Löhr näherte sich damit dem klassischen

---

200 Ogorek, aaO, S. 25 f.
201 Löhr, Theorie der Culpa Bd. 1, S. 89
202 Löhr, aaO, S. 90; vgl. dazu Ogorek, aaO, S. 26 FN 6
203 Löhr, aaO, S. 74
204 Ogorek, aaO, S. 27
205 Ehrenzweig, aaO, S. 28 Anm. 8
206 Löhr, aaO, S. 100, 106
207 Ogorek, aaO, S. 28

römischen Recht an, denn die Quellen sprechen von *culpa* nicht nur bei Verschulden, sondern auch dann, wenn von Vorwerfbarkeit nicht die Rede sein kann.[208] Der ausfüllungsbedürftige Begriff der *culpa* in Löhrs Theorie diente seinen Nachfolgern zum Aufbau der eigentlichen, subjektiv geprägten *culpa*-Doktrin, welche zu dem alles dominierenden Verschuldensprinzip des 19. Jahrhunderts wurde.[209]

Den ersten Schritt in diese Richtung unternahm Hasse 1815 in seiner Schrift „Die Culpa des römischen Rechts". Als Vertreter des zu Beginn des 19. Jahrhunderts aufkommenden Historismus bemühte sich Hasse um sorgfältige Begriffsklärung und übersetzte *culpa* zunächst wie Löhr mit „widerrechtlich, gegen Recht und Gesetz".[210] Hasse sah in der objektiven Widerrechtlichkeit jedoch nur einen Teilaspekt der *culpa* und postulierte, dass als zweites Element die Zurechnung hinzukommen müsse, damit eine schadensstiftende Handlung als mit *culpa* begangen anzusehen sei.[211] Zurechnung definierte Hasse als „das, was mit dem Inneren dessen zu schaffen hat, der die Tat begeht"; hieraus hat sich die rein subjektiv im Sinne des Wortes „Schuld" verstandene *culpa* entwickelt.[212] Schuld definierte Hasse als „dasjenige in dem Handelnden, was ihn zur moralischen Ursache der Handlung machte und daher bewirkte, dass sie ihm zugerechnet werden kann".[213] Der moralische Vorwurf, der sich aus einer missbilligenswerten Willensbildung herleitet, wurde damit zum Angelpunkt des Schadensersatzrechts erhoben, mit der Folge, dass Schäden, die nicht in Verbindung mit einem vorwerfbaren Willen gebracht werden können, aus dem justiziablen Bereich ausschieden und von dem Betroffenen als Unglück oder Schicksalsschlag hingenommen werden mussten.[214]

Mit der Entwicklung der rein subjektiv gefassten, sämtlicher objektiver Gesichtspunkte entkleideten *culpa* legte Hasse den dogmatischen Grundstein für das Verschuldensprinzip des 19. Jahrhunderts, welches von seinen Nachfolgern weiter entwickelt und ausgebaut wurde.

6.3.1.2 Weiterentwicklung des Schuldprinzips: Rudolf von Jhering

Auf der dogmatischen Fundierung der Schuldhaftung durch Löhr und Hasse baute Jhering auf, indem er das Verschuldensprinzip nunmehr auch ethisch legiti-

---

208 Vgl. Näheres bei Bruckner, Die Custodia, S. 255 Anm. 1
209 Ogorek, aaO, S. 29
210 Hasse, Die Culpa des Römischen Rechts, S. 13, 20
211 Hasse, aaO, S. 54
212 Ogorek, aaO, S. 31
213 Hasse, aaO, S. 84
214 Ogorek, aaO, S. 31 f.

mierte; als maßgeblich kann insoweit seine 1867 erschienene Gelegenheitsschrift „Das Schuldmoment im römischen Privatrecht" angesehen werden.[215] Jhering nannte diese Schrift einen Beitrag zur Entwicklung des Strafbegriffs in der Geschichte und versuchte am Beispiel des römischen Rechts darzulegen, dass im Verlauf der Rechtsentwicklung das Verständnis für das Schuldmoment stetig gewachsen sei, während die Lust am Strafen gleichzeitig abgenommen habe; dadurch entstehe ein Gleichgewicht zwischen dem Maß des Übels und der Schuld, dessen Herstellung die höchste Aufgabe der Gerechtigkeit sei.[216]

Jhering sah einen Gleichlauf zwischen Strafrecht und Zivilrecht dergestalt, dass im Zivilrecht auch nur die subjektiv zurechenbare, schuldhafte Handlung Schadensersatzpflichten begründen solle, so wie im Strafrecht der Satz gelte: „Keine Strafe ohne Schuld"[217]. Ohne Verschulden des Schädigers habe, so Jhering, derjenige den Schaden zu tragen, der von ihm wie von einem Naturereignis betroffen werde.[218] Ausdruck eines differenzierten Rechtsdenkens sei es, nur die gewollte menschliche Handlung als Verpflichtungsgrund anzuerkennen, und auch diese nur, wenn sie sich dem Willen als Vorwurf anrechnen lässt.[219] Diese These von der notwendigen Willensschuld hatte zur Konsequenz, dass Jhering nur einem Willensträger die Qualität zusprach, ein Recht verletzen zu können, während sonstige Ereignisse nur den Gegenstand des Rechts verletzten und juristisch irrelevant blieben.[220] Als eines der größten Verdienste der römischen Juristen sah Jhering, dass diese den Gedanken der Schuld als beherrschendes ethisches Prinzip nicht nur in das Strafrecht, sondern auch in das Zivilrecht eingeführt hätten.[221]

Dabei ging Jhering bewusst über die Tatsache hinweg, dass das römische Recht durchaus eine nicht unerhebliche Zahl an Tatbeständen einer Haftung ohne Verschulden kannte. Diese beschrieb er als ganz singuläre Erscheinungen, welche aus polizeilichen Gründen eingeführt worden seien, welche aber dem Primat des Verschuldensprinzips keineswegs entgegenstünden.[222] Diesen Tatbeständen, so Jhering, hätten die römischen Juristen eine abstrakte Schuldfeststellung, eine

---

215 Anläßlich des 50 jährigen Professorenjubiläums des Gießener Kriminalisten Birnbaum

216 Jhering, Schuldmoment, S. 157, 163, 229; vgl. dazu Anmerkungen bei Ogorek, aaO, S. 43 FN 5 bis 7

217 Jhering, Schuldmoment, S. 200

218 Jhering, aaO, S. 200

219 Jhering, aaO, S. 200; vgl. Anmerkung bei Ogorek, aaO, S. 44 FN 13

220 Jhering, aaO, S. 161; vgl. Anmerkung bei Ogorek, aaO, S. 44 FN 14

221 Jhering, aaO, S. 176 f.

222 Jhering, aaO, S. 204; vgl. Anmerkung bei Ogorek, aaO, S. 44 FN 16

Schuldfiktion beigefügt, weil eine Haftung auf Schadensersatz ohne Schuldfeststellung eben nicht möglich sei.[223]

Diese Aussage ist sachlich nicht haltbar, da sie das Wesen der verschuldensunabhängigen römisch-rechtlichen Haftungstatbestände, wie etwa der Quasi-Delikte, verkennt und damit einer seit Jahrhunderten feststellbaren Tendenz folgt, welche das Reservoir struktureller Erfassungsmöglichkeiten und die damit verbundenen Weiterentwicklungsmöglichkeiten nicht ausschöpft.[224]

Es wurde erneut und einmal mehr die Gelegenheit verpasst, über eine sachangemessene Würdigung der römisch–rechtlichen Durchbrechungen des Schuldhaftungsgedankens zu neuen modernen Haftungsformen zu gelangen, welche das Schadensersatzrecht aus seiner Gefangenheit im Schuldprinzip hätten herauslösen und den Anforderungen der sozialen Wirklichkeit gegen Ende der sechziger Jahre des 19. Jahrhunderts hätten Rechnung tragen können.[225] Jhering beschränkte seine Theorie von der nahezu absoluten Dominanz des Schulddogmas nicht auf das antike römische Recht, sondern erkannte darin einen Gedanken von allgemein gültiger Wahrheit, welcher als solcher keiner weiteren Legitimation bedürfe und welcher natürlich auch im römisch-gemeinen Recht Geltung beanspruchen müsse.[226]

Die Wirkung und der Einfluss der Jheringschen Thesen von Schuldhaftungsprinzip auf die pandektistische Rechtswissenschaft waren enorm. Der Jheringsche Satz: „Nicht der Schaden verpflichtet zum Schadensersatz, sondern die Schuld", wurde zum gesicherten Zitiergut weiter Teile der pandektistischen Rechtswissenschaft, welche diesen Satz, wie Ogorek es durchaus treffend ausdrückt, „eher als Glaubenbekenntnis denn als Gegenstand der Kritik traktierten".[227]

6.3.2 Verschuldensunabhängige Haftung in der pandektistischen Rechtswissenschaft

Während das Schuldhaftungsprinzip insbesondere nach Jhering zum beherrschenden Faktor des Schadensersatzrechts avancierte, wurde dem Rechtsgedanken einer verschuldensunabhängigen Haftung in der Rechtswissenschaft des 19. Jahrhunderts nahezu keinerlei Bedeutung beigemessen. Dieser Befund soll anhand der systematischen Rechtsdarstellungen zweier herausragender Vertreter der Rechtswissenschaft des 19. Jahrhunderts beispielhaft erläutert werden.

---

223 Jhering, aaO, S. 208 f.; vgl. Anmerkung bei Ogorek, aaO, S. 45 FN 18
224 Hochstein, Obligationes quasi ex delicto, S. 151
225 Ogorek, aaO, S. 45
226 Jhering, Schuldmoment, Nachtrag, S. 230
227 Ogorek, aaO, S. 43

6.3.2.1 Friedrich Carl von Savigny

Der Rechtswissenschaftler Savigny nimmt als Klassiker der Pandektenwissenschaft des 19. Jahrhunderts einen ganz besonderen Platz ein.[228] Wie kaum ein anderer Jurist ist Savigny in das allgemeine Bildungsbewusstsein eingegangen. Der Einfluss seiner wissenschaftlichen Tätigkeit auf Justiz- und Kulturpolitik seiner Zeit kann kaum überschätzt werden.[229]

In Savignys Obligationenrecht werden die Entstehungsarten *ex contractu* und *ex delicto* als die bei weitem wichtigsten abgehandelt, so dass von einem mangelnden Interesse für andere Obligationen, insbesondere solcher, welche – außerhalb eines Vertrages – eine Haftung ohne Verschulden konstituieren, durchaus gesprochen werden kann. Ein einziger Satz auf der letzten Seite seines umfangreichen Werkes handelt von der Existenz von Verbindlichkeiten, deren Entstehungsgründe von dem Willen der Beteiligten unabhängig und damit unabhängig von einem Verschulden sind.[230]

Über diese allgemeine Erwähnung hinaus unterblieb jede Erläuterung, da eine weitere Systematisierung dieser *variae causarum figurae*, jener Obligationen also, die weder aus Vertrag noch aus Delikt entstanden sind, am Fehlen gemeinsamer Gesichtspunkte scheitern würde.[231] Savigny ging es darum, den vorhandenen Rechtsstoff zu ordnen, und er wendete sich naturgemäß jenen Regeln zu, die einer ordnenden Erfassung zugänglich sind. Hierzu zählen in einem System, welches das Recht als die der einzelnen Person zustehende Willensmacht definiert, vor allem die Bestimmungen, die von der Freiheit des Handelnden ausgehen: Das Recht des Vertrages als Lehre vom elementaren Freiheitsgebrauch und das Deliktsrecht, welches den Missbrauch der Freiheit zum Gegenstand hat.[232]

Zufallsschäden und ihre haftungsrechtliche Regelung galten in diesem Rahmen als positive Ausnahme, für deren Konstituierung gute Gründe gesprochen haben mögen, die sich für eine systematische Einordnung aber mangels Verbindung zu einer gewollten Handlung nicht eigneten.[233]

Ein weiterer Grund für Savignys mangelndes Interesse an einer verschuldensunabhängigen Haftung lag in seiner Vorstellung von der Zweckfreiheit des Rechts, welche einer solchen Haftung wegen ihrer sozialpolitischen Zielsetzung entgegenstand. Savigny führte die allgemeine Aufgabe des Rechts auf die sittliche Bestimmung der menschlichen Natur zurück. Regeln, die nicht lediglich um

---

228 Ogorek, aaO, S. 9
229 Ogorek, aaO, S. 9
230 Savigny, Obligationenrecht Bd. 2, S. 3, 330
231 Savigny, Obligationenrecht Bd. 2, S. 330 f.
232 Ogorek, aaO, S. 10
233 Ogorek, aaO, S. 11

der Personen willen, die Rechtsträger sind, erlassen wurden, sondern politischen, polizeilichen, volkswirtschaftlichen oder allgemein sittlichen Zielen dienten, gehörten nach Savigny nicht in das reine Rechtsgebiet, welches von *jus strictum* und *aequitas* beherrscht werde.[234] Willensdogma und Zweckfreiheit des Rechts schlossen eine Aufnahme der Haftung ohne Verschulden in das Privatrechtssystem Savignys zwar nicht zwingend aus, doch trugen sie durchaus effizient dazu bei, eine zeitgerechte Würdigung der römisch–rechtlichen *casus*-Haftung auch für Savigny zu erschweren.[235]

Des weiteren trug die „streng historische" Methode Savignys und ihre formale Rezeption durch seine Nachfolger entscheidend dazu bei, dass der klassische Satz: *casus a nullo praestantur* (D. 13. 6. 18 pr.)[236] ein Axiom des Schadensersatzrechts blieb, unbehelligt von der Tatsache, dass Blitz- und Hagelschlag qualitativ durchaus etwas anderes darstellen als ein explodierender Dampfkessel.[237]

Diese „streng historische Methode" Savignys sollte zu der „völligen Gewöhnung führen, jeden Begriff und jeden Satz sogleich von seinem geschichtlichen Standpunkt aus anzusehen"[238]. Zwar sollte diese Hinwendung zum Vergangenen keineswegs die Ersetzung aller rechtswissenschaftlichen Arbeit durch historische Forschung bedeuten, doch wurde damit die historische Betrachtung des Rechts in einer Weise in den Vordergrund gerückt, die alle anderen Aspekte rechtswissenschaftlicher Betätigung, namentlich den dogmatischen und erst recht den rechtspolitischen, in den Hintergrund drängte.[239]

Entgegen dem eigenen theoretischen Anspruch seiner historischen Schule kam es Savigny indes nicht darauf an, die Rechtsentwicklung darzustellen, als vielmehr ein möglichst getreues Bild des vergangenen römischen Rechts zu zeichnen.[240] Diese Aufzählung lang vergangenen römischen Rechts wies kaum noch eine Verbindung zu den Verhältnissen und Bedürfnissen des 19. Jahrhunderts auf, was Savigny selbst als die „stets wachsende Scheidung zwischen Theorie und Praxis" erkannte und als „das Hauptübel unseres Rechtszustandes" beklagte; die „natürliche Einheit" von Rechtstheorie und Rechtspraxis blieb für die historische Schule ein unerfülltes Programm.[241]

So wurde die verschuldensunabhängige Haftung für Unglücksschäden zwar erwähnt, ihre wachsende Bedeutung jedoch ebenso wenig erkannt wie ihre juris-

---

234 Savigny, System Bd. 1, S. 56; vgl. Anmerkung bei Ogorek, aaO, S. 11 f. FN 13
235 Ogorek, aaO, S. 12
236 Übersetzung: Zufall ist von niemandem zu vertreten.
237 Ogorek, aaO, S. 14
238 Savigny, Beruf, S. 120
239 Savigny, Beruf, S. 117; vgl. Anmerkungen bei Ogorek, aaO, S, 12 f. FN 13 und 18
240 Ogorek, aaO, S. 13
241 Ogorek, aaO, S. 13 f.

tische Behandlung in Angriff genommen wurde. Die Hinwendung der Rechtswissenschaft zur Geschichte und ihre grundsätzliche Neutralität gegenüber aktuellen Problemen führten dazu, dass sich die Expansion der Wirtschaft im 19. Jahrhundert vor dem Hintergrund eines Haftungsrechts vollzog, welches einer sachangemessenen Regelung der Haftungsfragen in einem modernen Industriestaat nicht gewachsen war. So wurden etwa Probleme der Drittschadensliquidation, der Verschuldensfähigkeit und Haftung juristischer Personen sowie der Einstandspflicht für Hilfspersonen und Garantiehaftung für Betriebswagnisse nicht behandelt, da es entweder am römisch-rechtlichen Vorbild fehlte oder geeignet erscheinende römisch-rechtliche Vorlagen wegen ihrer für systemwidrig gehaltenen Haftungsstruktur nicht aufgegriffen wurden.[242]

6.3.2.2 Puchta

„Der Inhalt einer jeden Wissenschaft muß eine Anwendung auf das Leben zulassen und fordern; die Jurisprudenz würde sich selbst verlieren, wenn sie nicht die unmittelbare Einwirkung auf das Leben fortwährend im Auge behielte. Der Blick auf die Praxis soll in der gesammten Thätigkeit, im Ganzen und im Einzelnen, erkennbar sein, der Jurist in all seinen Forschungen von diesem Gedanken an sein letztes Ziel sich leiten lassen.“

Diese Sätze aus Puchtas Institutionen klingen durchaus verheißungsvoll, und im Hinblick darauf, dass Savigny die „wachsende Scheidung zwischen Theorie und Praxis" noch mit Hilfe einer Rückschau auf das römische Recht hatte überwinden wollen, versprechen sie einen bedeutsamen Schritt nach vorn.[243]

Dem Haftungsrecht hätte danach ein neuer, seiner gewandelten Bedeutung angemessener Stellenwert zugewiesen werden können; das außervertragliche Schadensersatzrecht hätte sich von seinem anachronistischen Hintergrund der vermögensrechtlichen Wiedergutmachung schuldhaft begangenen Unrechts ablösen und – den Bedürfnissen eines wirtschaftlich und technisch expandierenden Industriezeitalters entsprechend – als rechtstechnische Möglichkeit zur sachangemessenen Verteilung moderner Schadensrisiken weiter entwickeln können.[244]

Die Fähigkeit, Recht produktiv fortzubilden, wird der Wissenschaft von Puchta auch ausdrücklich zugewiesen. Da das Recht „etwas Vernünftiges, in seiner Entwicklung einer logischen Nothwendigkeit Unterliegendes" sei, könne die Wissenschaft, „indem sie aus den im gegebenen Recht anerkannten Prinzipien

---

242 Ogorek, aaO, S. 14
243 Puchta, Institutionen Bd. 1, S. 92 f.; Ogorek, aaO, S. 14 f.
244 Ogorek, aaO, S. 15

andere Rechtssätze folgert, neues Recht schaffen und so neben Gesetz und Gewohnheitsrecht als dritte Rechtsquelle fungieren."[245]

Puchta machte indes von dieser Möglichkeit, den Bedürfnissen des Lebens durch Rechtsfortbildung Rechnung zu tragen, was sein Schadensersatzrecht anbetrifft, keinen Gebrauch. So existierte das Problem der Gehilfenhaftung für ihn lediglich vor dem Hintergrund antiker römischer Lebensverhältnisse als Einstandspflicht für Gewaltunterworfene. Der Zufall wurde in diesem Rahmen nur einmal erwähnt, und zwar als mögliche Schadensursache, die allerdings wegen des Fehlens des subjektiven Zurechnungselements Verschulden eine zivilrechtliche Haftung nicht auszulösen vermochte.[246]

Über Aufgabe und Bedeutung des Schadensersatzrechts findet man bei Puchta keine Ausführungen. Die Aufgabe des Rechts erblickte Puchta, wie vor ihm schon Kant, in der Gewährung einer formalen Freiheitsgarantie: Das Recht als Anerkennung der rechtlichen Freiheit, die sich in den Personen und ihrem Willen, ihrer Einwirkung auf die Gegenstände äußert. Oder anders formuliert: Das Recht als die Anerkennung der rechtlichen Freiheit, die den Menschen als Subjekten der Willensmacht gleichmäßig zukommt.[247]

Das rechtswissenschaftliche Erkenntnisinteresse Puchtas konzentrierte sich auf die Findung spezifisch juristischer Wahrheiten. Entscheidend für diese Wahrheitsfindung war die logische Deduzierbarkeit des jeweiligen Rechtssatzes; wissenschaftlich akzeptable Ergebnisse erlangte, wer seine juristischen Ansichten in den vorgegebenen Rahmen des bestehenden Rechtssystems einfügen, d. h. innerlich begründen konnte.[248] Dass die Puchtasche Methode der Begriffsjurisprudenz eine Abkehr von der praktischen Seite des Rechts mit sich brachte, erkannte schon der frühe Jhering. Mit der Umwandlung der Rechtssätze in Begriffe werde, so Jhering, zwar ein höherer Aggregatzustand des Rechts erreicht, gleichzeitig aber der Blick für seine funktionelle Seite getrübt.[249]

6.3.2.3 Fazit

Im Ergebnis bleibt festzustellen, dass es nach Savigny auch Puchta nicht gelang, die jeweiligen, durchaus ambitionierten Forderungen nach einer lebensnahen Rechtswissenschaft insbesondere im Schadensrecht zu verwirklichen. Historische und begriffsjuristische Methode beschränkten das rechtswissenschaftliche Inte-

---

245 Puchta, Vorlesungen Bd. 1, S. 24 ff.
246 Puchta, Institutionen Bd. 3, S. 102
247 Puchta, Institutionen Bd. 1, S. 9 und S. 80
248 Puchta, Gewohnheitsrecht Bd. 1, S. 166; vgl. Anmerkung bei Ogorek, aaO, S. 19 f. FN 20
249 Jhering, Geist Theil 3, S. 48 f.; vgl. dazu Anmerkung bei Ogorek, aaO, S. 20 FN 22

resse auf Geschichte und Dogmatik des römischen Rechts und führten – ggf. in Verbindung mit einer frühliberalen, interventionsfeindlichen Staatsauffassung[250] – dazu, dass das zeitbedingte Erfordernis nach sachangemessner verschuldensunabhängiger Haftung nicht erkannt und damit auch nicht entwickelt werden konnte, obwohl die römischen Quellen dafür durchaus Ansatzpunkte geboten hätten. Durch die aus heutiger Sicht extreme Betonung des Verschuldensprinzips als den das Schadensersatzrecht dominierenden Ordnungsrahmen verbaute sich die pandektistische Rechtswissenschaft ein ganzes Reservoir an Erfassungs- und Weiterentwicklungsmöglichkeiten von Tatbeständen verschuldensunabhängiger Haftung. Sie befand sich damit allerdings im Einklang mit einer über eintausendjährigen Tradition in der Rechtswissenschaft, welcher es, wie insbesondere das Beispiel der Quasi-Delikte zeigt, über die Jahrhunderte nicht gelungen ist, das Wesen und die innere Rechtfertigung für verschuldensunabhängige Haftung zutreffend zu erfassen.

Erst die Verhältnisse des modernen Industriezeitalters im 19. Jahrhunderts erzwangen ein Umdenken im Schadensrecht und eine schrittweise Rückführung der absoluten Dominanz des Schuldprinzips. Die *cautio damni infecti* stand als Tatbestand verschuldensunabhängiger Haftung, ebenso wie andere Tatbestände verschuldenunabhängiger Haftung, inmitten dieses Umdenkungsprozesses, welcher geprägt war durch die hin und her wogende Diskussion für und gegen das Schuldprinzip[251]. Diese Diskussion hat sich insbesondere durch den gesamten Entstehungsprozess des BGB wie ein roter Faden gezogen und auf die *cdi* bzw. auf das, was daraus gemacht wurde, nachhaltig eingewirkt, wie im Folgenden gezeigt werden soll.

---

250 S. dazu Ogorek, S. 18 f.
251 Benöhr, Außervertragliche Haftung im gemeinen Recht in FS Kaser 1976, S. 689 (710)

7.0 Die cautio damni infecti im Entstehungsprozess des BGB

Die *cautio damni infecti* ist nicht in das BGB übernommen worden, die Gründe dafür aufzuzeigen ein wesentlicher Gegenstand dieser Arbeit. Die Väter des BGB haben ihre Entscheidung, von einer Aufnahme der *cdi* in das BGB abzusehen, ausführlich begründet. Diese Gründe sind bei der Beratung der Haftung wegen Gebäudeeinsturzes (§§ 836 – 838 BGB), bei der Beratung des Vertiefungsverbotes (§ 909 BGB), bei der Beratung des Verbotes schädlicher Anlagen (§ 907 BGB) sowie bei der Beratung des Abwendungsanspruches bei drohendem Gebäudeeinsturz (§ 908 BGB) genannt worden; auf sie soll im Folgenden eingegangen werden.

7.1 Haftung wegen Gebäudeeinsturzes, §§ 836 – 838 BGB

7.1.1 Teilentwurf zum Schuldrecht von 1882

Der Teilentwurf zum Schuldrecht übernahm an Stelle eines eigenen Vorschlages des verantwortlichen Redaktors von Kübel, welcher infolge einer Erkrankung die Vorlage nicht fertig stellen konnte, die Haftungsregelung wegen Gebäudeeinsturzes des Artikel 1028 des Dresdner Entwurfs.[1] Artikel 1028 des Dresdner Entwurfs hatte folgenden Wortlaut:[2]

Art. 1028 DresdnerEntwurf

Der Eigentümer eines Gebäudes oder Werkes hat den durch dessen Einsturz einem Anderen verursachten Schaden zu ersetzen, wenn der Einsturz die Folge einer von dem Eigenthümer verschuldeten fehlerhaften Errichtung oder einer mangelhaften Unterhaltung des Gebäudes oder Werkes ist.

Artikel 1028 des Dresdner Entwurfes berücksichtigte allein den Fall des *vitium aedium* und nicht den von der *cdi* ebenfalls noch geregelten Fall des *vitium*

---

1   Vgl dazu Anmerkung bei Süss, Verschuldensunabhängige Haftung, S. 65 FN 292
2   Siehe bei Schubert, Recht der Schuldverhältnisse Teil 3 BT II, S. 755

operis.[3] Durch diese Vorschrift sollte die *cautio damni infecti* des gemeinen Rechts künftig entbehrlich gemacht werden, indem dem Geschädigten ohne vorgängiges Kautionsversprechen nunmehr direkt ein Anspruch auf Schadensersatz wegen Gebäudeeinsturzes gegeben wurde.[4] Die Verfasser des Dresdner Entwurfes gingen davon aus, dass der Eigentümer eines Gebäudes oder Werkes vermöge „der ihm über sein Eigenthumsobjekt zustehenden, vollkommenen Herrschaft" sein Eigentum zerstören und folglich auch verfallen lassen könne, dass er dieses Recht aber nur ohne Verletzung der Rechtssphäre eines Dritten ausüben dürfe.[5] Aus diesen Befugnissen des Eigentümers, so die Dresdner Kommission, ergebe sich, dass er sein Gebäude oder Werk abbrechen bzw. aufheben könne, wenn er es nicht mehr bestehen lassen wolle.[6] Er sei jedoch nicht berechtigt, sein Eigentum in einen solchen Zustand geraten zu lassen oder in einem solchen zu belassen, dass es einstürzen und anderen Schaden verursachen könne. Handele der Eigentümer dem entgegen, so verschulde er den Einsturz und sei schon aus dem Gesichtspunkt des Verschuldens schadensersatzpflichtig.[7] Die Dresdner Kommission folgte damit der im Trend der damaligen Zeit liegenden Dominanz des Verschuldensgrundsatzes und fügte diesen auch in die Regelung des Art. 1028 Dresdner Entwurf ein, obwohl die verschuldensunabhängig gestaltete *cdi* dieser Regelung eindeutig Pate gestanden hat. Man war sich jedoch in der Kommission der Problematik dieses Verschuldens wohl bewusst und sah die Haftung wegen mangelhafter Unterhaltung des Gebäudes oder Werkes als nicht auf klassischem Verschulden, *culpa* im Sinne *lex Aquilia,* beruhend an. Die Dresdner Kommission sprach in diesem Zusammenhang, den eigentlichen Haftungsgrund im Dunkeln lassend, von einer Schadensersatzverpflichtung *ex re*.[8] Gemeint war damit wohl eine in Richtung einer verschuldensunabhängigen Haftung gehende Verpflichtung des Eigentümers, welche die Dresdner Kommission nur insofern als auf *culpa* beruhend angesehen hat, als der Eigentümer das fehlerhafte Gebäude oder Werk angenommen oder mangelhaft unterhalten habe.[9] Die Dresdner Kommission hielt es nicht für richtig, die Schadensersatzverbindlichkeit des Eigentümers aus Art. 1028 Dresdner Entwurf „auf eine obligationenrechtliche *culpa* und damit in das Obligationenrecht hinüberzuspielen".

---

3   Vgl. allgemein zum *vitium aedium* und *vitium operis* 2.2 dieser Arbeit. Das *vitium operis* wird im Entstehungsprozeß des BGB bei § 909 BGB thematisiert, vgl. 7.2 dieser Arbeit.

4   Schubert, Recht der Schuldverhältnisse Teil 3 BT II, S. 969

5   Schubert, aaO, S. 969

6   Schubert, aaO, S. 969

7   Schubert, aaO, S. 969

8   Schubert, aaO, S. 970

9   Schubert, aaO, S. 970

Diese Argumentation der Dresdner Kommission belegt am Beispiel der *cdi*, dass der Rechtsgedanke der verschuldensunabhängigen Haftung trotz der zu dieser Zeit, Mitte der 60er Jahre des 19. Jahrhunderts, vorherrschenden Dominanz des Verschuldensgrundsatzes durchaus noch im Bewusstsein der Jurisprudenz präsent war. Wegen der mangelnden dogmatischen Durchdringung der Grundsätze der verschuldensunabhängigen Haftung zu jener Zeit war es der Dresdner Kommission meines Erachtens verständlicherweise nicht möglich, ihren Gedankengängen einen dogmatisch stringenteren Ausdruck zu verleihen.

Die Dresdner Kommission sah ausschließlich den Eigentümer, nicht jedoch die im Rahmen der gemeinrechtlichen *cdi* weiteren dinglich berechtigten Personen als passiv legitimiert an[10]. Sie begründete dies damit, dass allein der Eigentümer vermöge seines Vollrechts Eigentum dafür sorgen könne und dafür zu sorgen habe, dass ein etwaiger dinglich an seinem Grundstück Berechtigter seinen Pflichten zur Unterhaltung und Instandhaltung des Objektes nachkomme.[11] Nur dem Eigentümer stand es danach frei, das Eigentumsobjekt verfallen zu lassen, weswegen konsequenterweise auch ihn allein die Schadensersatzhaftung treffen sollte.

7.1.2 Der Entwurf erster Lesung von 1888

Die erste Kommission löste sich von Art. 1028 Dresdner Entwurf und sah in § 735 des ersten Entwurfes (E I) vor, dass der Gebäudebesitzer nur bei echtem Verschulden haften solle. § 735 E I hatte folgenden Wortlaut:[12]

§ 735 E I

Der Besitzer eines Grundstücks ist verpflichtet, unter Anwendung der Sorgfalt eines ordentlichen Hausvaters dafür zu sorgen, daß ein auf dem Grundstücke befindliches Gebäude oder sonstiges Werk nicht in Folge fehlerhafter Errichtung oder in Folge mangelhafter Unterhaltung einstürzt. Wird diese Pflicht verletzt, so ist der Besitzer nach Maßgabe der §§ 704, 722 bis 726 und des 728 Abs. 1 zum Ersatze des Schadens verpflichtet, welcher einem Dritten aus dem dadurch verursachten Einsturze entstanden ist.

Wird auf fremdem Grund und Boden von einem Dritten in Ausübung eines Rechts ein Gebäude oder ein sonstiges Werk gehalten, so trifft denselben die im ersten Absatze bezeichnete Verantwortlichkeit an Stelle des Besitzers des Grundstücks.

---

10 Zur Passivlegitimation bei der cdi siehe 2.1 dieser Arbeit.
11 Schubert, aaO, S. 969
12 § 735 E I lehnte sich an die Vorschriften der §§ 36, 37, 60 i. V. m. 10 ff., 26, I, 6 ALR an; Motive II, S. 815, 817; Süss, Verschuldensunabhängige Haftung, S. 67

Die gleiche Verantwortlichkeit trifft denjenigen, welcher für den nach den Vorschriften des ersten und zweiten Absatzes Verpflichteten die Unterhaltung des Werkes übernommen hat.[13]

Die erste Kommission folgte dabei im Wesentlichen, wenn auch unter redaktioneller Textüberarbeitung, einem Antrag ihres Mitgliedes Kurlbaum, welcher die gesetzliche Verpflichtung des Eigentümers postuliert hatte, für die fehlerfreie Errichtung und mangelfreie Unterhaltung seines Gebäudes gebührend zu sorgen. Kurlbaums Antrag hatte folgenden Wortlaut:

(Antrag Kurlbaum)[14]

Der Besitzer eines Grundstücks ist verpflichtet, die auf demselben befindlichen Gebäude oder sonstigen Werke mit der Sorgfalt eines ordentlichen Hausvaters so gut zu unterhalten oder nöthigenfalls zu verändern oder abzubrechen, daß sie nicht durch Einsturz Schaden anrichten.

Er haftet für den durch Einsturz verursachten Schaden, wenn er seine Pflicht verletzt hat und bei Erfüllung derselben der Schaden nicht entstanden sein würde.

Die gleiche Verantwortlichkeit trifft denjenigen, welcher auf fremdem Grund und Boden ein Gebäude oder sonstiges Werk hält oder die Verpflichtung zum Unterhalte eines Werkes für den gesetzlich Verpflichteten übernommen hat.

Hat der Inhaber eines Grundstücks auf demselben ein Gebäude oder sonstiges Werk errichtet, so ist der Besitzer des Grundstückes für die Gefahr des Werkes nur verantwortlich, wenn er das Werk übernommen oder das Grundstück zurückgenommen hat.

Für sachlich zu weitgehend erachtete die Kommission den Vorschlag Johows, welcher beantragt hatte, nicht nur den Besitzer eines Gebäudes, sondern den Eigenbesitzer einer jeglichen Sache einer verschuldensgebundenen Schadensersatzhaftung zu unterziehen. Johows Antrag hatte folgenden Wortlaut:

(Antrag Johow)[15]

Wenn Jemand durch eine fremde Sache in Folge mangelhafter Beschaffenheit derselben Schaden erlitten hat, und derjenige, welcher die Sache als seine eigene besitzt, bei Anwendung der Sorgfalt eines ordentlichen Hausvaters den Schaden hätte verhüten können, so ist dieser dem Beschädigten zum Schadensersatz verpflichtet.

Die Mehrheit der Kommission entschied unter Berufung auf Kurlbaums Antrag, das Gesetz auf den Fall zu beschränken, dass ein auf einem Grundstücke befindliches Gebäude oder sonstiges Werk einstürzt und dadurch Schaden verur-

---

13 Jakobs/Schubert, Beratung BGB Schuldrecht III, §§ 836–838, S. 989 f.
14 Jakobs/Schubert, Beratung BGB Schuldrecht III, §§ 836–838, S. 986
15 Jakobs/Schubert, Beratung BGB Schuldrecht III, §§ 836–838, S. 985 f.

sacht wird.[16] Man sprach sich in diesem Zusammenhang mit dem Verweis auf sachenrechtliche, polizeirechtliche und strafrechtliche Bestimmungen dagegen aus, das Gesetz auf *vitia loci*[17] oder auf Bäume zu erstrecken.[18]

Der Johowsche Antrag enthielt nach Ansicht der ersten Kommission mit dem Gedanken einer – wenn auch verschuldensgebundenen – Haftung für Sachgefahren ein Prinzip, welches erheblich von den meisten, wenn nicht allen Partikularrechten Deutschlands abweiche und tief in die geltende Eigentumsordnung eingreife.[19] Das Prinzip gehe namentlich in seiner Erstreckung auf bewegliche Sachen weit über das Bedürfnis der Rechtsanwender hinaus, wobei die Kommission davon ausging, dass in Fällen, in denen eine bewegliche Sache einen Schaden gestiftet habe, welchen zu ersetzen dem Besitzer billigerweise und im Interesse der öffentlichen Ordnung zur Pflicht gemacht werden dürfe, eine Haftung des Sachbesitzers nach den Grundsätzen über die *culpa ex lege Aquilia* anzunehmen sei.[20]

Diese Ansicht ist für ihre Zeit erstaunlich modern, indem sie die Existenz von Verkehrspflichten bereits zu einem Zeitpunkt vor Abfassung des E I voraussetzt. Es findet sich namentlich die für Verkehrspflichten typische Abwägung von öffentlichen und privaten Interessen und die damit einhergehende Abgrenzung von Rechtskreisen, welche später nach Erlass des BGB das Reichsgericht aufgriffen und gerade in Bezug auf die deliktische Verantwortlichkeit des Eigentümers oder Besitzers einer gefahrbringenden Sache erweitert hat.[21] Des Weiteren findet sich bereits die Ableitung der Verkehrspflichten aus der *lex Aquilia* auch und gerade im Anwendungsbereich der *cdi*. Es bestätigen sich damit die Forschungsergebnisse Kleindieks, welcher die Existenz von Verkehrspflichten deutlich vor Erlass des BGB im Bereich des gemeinen Rechts festgestellt hat.[22] Darüber hinaus hat Voss nachgewiesen, dass schon im klassischen römischen Recht der Sache nach Verkehrspflichten in Anwendung gewesen sind.[23]

Die erste Kommission sprach sich auch dagegen aus, dem Eigentümer oder Besitzer eines Gebäudes eine von einem Verschulden unabhängige Haftpflicht aufzubürden. Gegenstand der ablehnenden Entscheidung war folgender, im We-

---

16 Jakobs/Schubert, Beratung BGB Schuldrecht III, §§ 836–838, S. 987
17 Vgl. zum *vitium loci* 2.2 dieser Arbeit.
18 Zur Begründung s. Jakobs/Schubert, Beratung BGB Schuldrecht III, §§ 836–838, S. 988
19 Jakobs/Schubert, Beratung BGB Schuldrecht III, §§ 836–838, S. 987
20 Jakobs/Schubert, Beratung BGB Schuldrecht III, §§ 836–838, S. 987
21 Kleindiek, Deliktshaftung, S. 108
22 Kleindiek, Deliktshaftung, S. 112 ff.
23 Voss, Verkehrspflichten, S. 233

sentlichen mit Art. 1028 des Dresdner Entwurfs übereinstimmender Antrag Derscheids:[24]

(Antrag Derscheid)

Der Eigentümer eines Gebäudes oder anderen Werkes hat den durch dessen Einsturz einem Anderen verursachten Schaden zu ersetzen, wenn der Einsturz die Folge einer mangelhaften Unterhaltung oder fehlerhaften Errichtung des Gebäudes oder Werkes ist.

Im Falle einer fehlerhaften Errichtung ist neben dem Eigenthümer auch Derjenige, welcher den Bau oder die Herstellung geleitet oder ausgeführt hat, für den Schaden verantwortlich. (...)

Die Kommission lehnte diesen Antrag aus prinzipiellen Erwägungen ab, indem sie sich für das Verschuldensprinzip entschied, welchem nach ihrer Ansicht der Vorrang gebührte, da es sich am wenigsten weit von den allgemeinen Grundsätzen entferne.[25] Gegen die verschuldensunabhängige Haftung, von der Kommission als *„obligatio legalis"* bezeichnet, sprächen im Übrigen, so die Kommission, die großen Härten einer solchen Verpflichtung.[26] Bemerkenswert ist, dass die erste Kommission die „Haftung ohne alle Rücksicht auf ein Verschulden" bereits als ein Prinzip bezeichnet, welches neben dem Prinzip der Verschuldenshaftung aufscheint und sich mit diesem messen lassen kann. Es hat jedenfalls nach diesen Ausführungen der Kommission durchaus nicht den Anschein, dass die Kommission die verschuldensunabhängige Haftung als rudimentäre Einzel- oder Ausnahmeerscheinung ansieht. Die erste Kommission stand jedenfalls nicht mehr uneingeschränkt und einheitlich auf dem Standpunkt Jherings, wonach allein die Schuld zum Schadensersatz verpflichte.[27]

Ein Indiz für die innerhalb der ersten Kommission hin und her wogende Diskussion zwischen Verschuldensprinzip und verschuldensunabhängiger Haftung liefert ein Antrag v. Webers, welcher insoweit eine vermittelnde Lösung vorgeschlagen hat. V. Weber hat u. a. vorgeschlagen, den ersten Absatz des o. g. Vorschlags Derscheids wie folgt zu ergänzen:

(Antrag v. Weber)

Die Verantwortlichkeit des Eigentümers (oder Berechtigten) wegen fehlerhafter Errichtung fällt weg, wenn (er beweist, daß) er den Fehler weder kannte noch hätte kennen müssen.

---

24 Jakobs/Schubert, Beratung BGB Schuldrecht III, §§ 836–838, S. 986
25 Jakobs/Schubert, Beratung BGB Schuldrecht III, §§ 836–838, S. 988
26 Jakobs/Schubert, Beratung BGB Schuldrecht III, §§ 836–838, S. 988
27 Vgl. dazu im einzelnen 6.3.1 der Arbeit.

Ist der Eigentümer (oder Berechtigte) von dem durch den Einsturz Bedrohten vorher aufgefordert worden, für Abwendung des aus der Fehlerhaftigkeit drohenden Schadens zu sorgen, und versäumt er, genügende Vorkehrungen zu treffen, so ist anzunehmen, dass er den Fehler hätte erkennen müssen.[28]

Auch dieser Antrag wurde, wie schon zuvor der Antrag Derscheids, von der ersten Kommission abgelehnt, da auch er dem Verschuldensprinzip nicht entspreche. Die Kommission erkannte zwar durchaus an, dass der Antrag, insbesondere was die darin enthaltene Verschuldens- bzw. Deliktsvermutung, von der Kommission als *praesumptio delicti* bezeichnet, anbetrifft, dem Verschuldensprinzip wesentlich näher komme als der auf dem Prinzip der schuldlosen Haftung beruhende Antrag Derscheids, hielt dies jedoch im Ergebnis nicht für ausreichend zur Erfüllung des gesetzlichen Zwecks.[29]

Was die Passivlegitimation anbetrifft, so folgte die erste Kommission ebenfalls dem Kurlbaumschen Antrag und sah allein den Besitzer eines Grundstücks, und nicht, wie noch in Art. 1028 Dresdner Entwurf vorgeschlagen, den Eigentümer des betreffenden Grundstücks als alleinigen Verpflichteten an. Unter Besitzer verstand die Kommission den Eigenbesitzer, also denjenigen welcher *animo domini* besitzt.[30]

Die Kommission hielt die Verpflichtung des Grundstückseigentümers zum Schadensersatz für den Fall für unbillig, in welchem dieser nicht Besitzer und wegen des fehlenden Besitzes nicht in der Lage sei, die Verpflichtung, das Grundstück bzw. Gebäude instand zu halten, zu erfüllen.[31] Diese Unbilligkeit werde auch nicht dadurch beseitigt, dass der Eigentümer gegen den nachlässigen Besitzer regelmäßig werde Regress nehmen können, da der Eigentümer in jedem Fall vorleistungspflichtig sei und der Regress nicht in jedem Fall Erfolg haben werde.[32] Weit einfacher und angemessener sei es, fand die Kommission, den Besitzer als die verpflichtete Person zu bestimmen, da dies auch mit den Bestimmungen des römischen Rechts über die *cautio damni infecti* zumindest hinsichtlich des redlichen Besitzers übereinstimme.[33]

Die Kommission folgte Kurlbaum auch darin, dass die aus den Absätzen zwei und drei des § 735 E I ersichtlichen Dritten ebenfalls haftpflichtig sein sollten, allerdings anstelle des Besitzers und nicht, wie ursprünglich vorgeschlagen, neben dem Besitzer des Grundstücks.[34] Die Frage, ob der Begriff des Besitzers noch ei-

---

28 Jakobs/Schubert, Beratung BGB Schuldrecht III, §§ 836–838, S. 986
29 Jakobs/Schubert, Beratung BGB Schuldrecht III, §§ 836–838, S. 988
30 Jakobs/Schubert, Beratung BGB Schuldrecht III, §§ 836–838, S. 988
31 Jakobs/Schubert, Beratung BGB Schuldrecht III, §§ 836–838, S. 989
32 Jakobs/Schubert, Beratung BGB Schuldrecht III, §§ 836–838, S. 989
33 Jakobs/Schubert, Beratung BGB Schuldrecht III, §§ 836–838, S. 989
34 Jakobs/Schubert, Beratung BGB Schuldrecht III, §§ 836–838, S. 989

ner Verdeutlichung bedürfe, sollte erst nach Beratung des Sachenrechts geklärt werden.[35]

Die erste Kommission hielt es schließlich für verfehlt, die in dem Antrag v. Webers vorgeschlagene Mahnung, den gefahrdrohenden Zustand zu beseitigen, zur Voraussetzung des Schadensersatzanspruches zu machen. Eine derartige Bestimmung laufe der Einfachheit des Gesetzes zuwider, könne zu Streitfragen und Missbräuchen führen und verleite den Besitzer zu unnützen Vorkehrungen.[36]

7.1.3 Vorkommission des Reichsjustizamtes

Die Vorkommission des Reichsjustizamtes, welcher der Entwurf erster Lesung (E I) zur Überarbeitung zugeleitet worden war, beschloß, § 735 E I im Wesentlichen beizubehalten, jedoch die Beweislast zu ändern. Der § 735 E I sollte durch folgende Vorschriften ersetzt werden:

§ 735 E I RJA[37]

Der Besitzer eines Grundstücks ist, wenn ein auf dem Grundstück befindliches Gebäude oder sonstiges Werk in Folge fehlerhafter Errichtung oder mangelhafter Unterhaltung einstürzt und dadurch das Leben, der Körper oder die Gesundheit eines Menschen verletzt oder eine Sache beschädigt wird, verpflichtet, den Verletzen den daraus entstandenen Schaden zu ersetzen, es sei denn, daß er zum Zwecke der Abwendung der Gefahr des Einsturzes die im Verkehr erforderliche Sorgfalt beobachtet hatte. In gleicher Weise haftet wegen eines nach Beendigung des Besitzes eingetretenen Einsturzes der frühere Besitzer, es sei denn, daß er während der Dauer des Besitzes die bezeichnete Sorgfalt beobachtet hatte oder daß ein späterer Besitzer durch Beobachtung dieser Sorgfalt die Gefahr des Einsturzes hätte abwenden können.

Wird auf einem fremden Grund und Boden von einem Dritten in Ausübung eines Rechts ein Gebäude oder sonstiges Werk gehalten, so trifft ihn an Stelle des Besitzers des Grundstücks die in Absatz 1 bestimmte Haftung.

Mehrere Ersatzpflichtige haften als Gesamtschuldner.

Wer aufgrund dieser Vorschriften Schadensersatz geleistet hat, kann von demjenigen, welcher für die Beschädigung nach den allgemeinen Vorschriften über den Schadensersatz aus unerlaubten Handlungen verantwortlich ist, Ersatz verlangen.

§ 735 a E I RJA[38]

Wer für denjenigen, welcher nach § 735 für die Unterhaltung eines Gebäudes oder sonstigen Werkes verantwortlich ist, die Unterhaltung übernommen hat, haftet für den durch

---

35 Jakobs/Schubert, Beratung BGB Schuldrecht III, §§ 836–838, S. 989
36 Jakobs/Schubert, Beratung BGB Schuldrecht III, §§ 836–838, S. 989
37 Zitat nach Jakobs/Schubert, Beratung BGB Schuldrecht III, §§ 836–838, S. 991
38 Zitat nach Jakobs/Schubert, Beratung BGB Schuldrecht III, §§ 836–838, S. 991

den Einsturz einem Anderen zugefügten Schaden in gleicher Weise wie der nach § 735
zur Unterhaltung Verpflichtete. Er haftet neben diesem als Gesamtschuldner.

Wie aus den vorgenannten Vorschriften unmittelbar ersichtlich, hat die Vorkommission des Reichsjustizamts sich dafür entschieden, die Beweislast umzu-
kehren, im Übrigen aber den Standpunkt des E I beizubehalten.[39] Der Vorschlag,
ausgehend von dem Gedanken einer zugrunde liegenden Garantiepflicht eine unbedingte Haftung einzuführen, wurde, wie schon ähnlich in der ersten Kommission, auch von der Vorkommission des Reichsjustizamtes als zu weitgehend sowie
als im Widerspruch zum Verschuldensprinzip stehend abgelehnt.[40]

Einig war man sich in der Vorkommission darüber, dass die Haftung aus
§ 735 auf den juristischen Besitzer im Sinne des § 854 des Entwurfes beschränkt
sein sollte.[41] Umstritten war jedoch, ob die Haftpflicht des § 735 ausschließlich
dem gegenwärtigen Besitzer auferlegt werden solle oder ob auch unter Umständen ein früherer Besitzer für einen nach Beendigung seines Besitzes entstandenen
Schaden verantwortlich gemacht werden könne. Die Mehrheit der Vorkommission war der Ansicht, dass auch ein früherer Besitzer des Grundstücks dann haftpflichtig sei, wenn dieser in der Zeit seines Besitzes in Bezug auf die Erhaltung
der auf seinem Besitztum befindlichen Baulichkeiten nicht die erforderliche
Sorgfalt an den Tag gelegt habe. Namentlich ginge es nicht an, einem solchen
Besitzer durch Entledigung von seinem Besitz aus der Haftung frei zu machen,
zumal man den Besitzer für verpflichtet halten müsse, die auf seinem Grundstück
befindlichen Baulichkeiten entweder zu erhalten oder abzubrechen.[42] Die Min-
derheitsmeinung in der Vorkommission vertrat die Ansicht, eine solche Haftbar-
machung eines früheren Besitzers sei mit den Grundsätzen von Gerechtigkeit und
Billigkeit nicht vereinbar. Einem Grundstücksbesitzer müsse die Möglichkeit
verbleiben, sich durch Preisgabe des Grundstücks von aller Verantwortlichkeit
frei zu machen; namentlich könne es dem Besitzer einer baufälligen Ruine nicht
zugemutet werden, die Kosten ihrer Unterhaltung oder Niederreißung aufzuwen-
den. Dies sei im Übrigen auch der Standpunkt des Gemeinen Rechts wie des
Preußischen ALR[43]. Dem wurde von der Mehrheitsmeinung in der Vorkommission entgegengehalten, dass der Gedanke, dass sich ein Besitzer durch Dereliktion seines Grundstücks von jeglicher Verantwortung lösen könne, mit der dem
römischen Rechte eigentümlichen Noxalhaftung des Besitzers zusammenhänge,

---

39 Jakobs/Schubert, Beratung BGB Schuldrecht III, §§ 836–838, S. 990
40 Jakobs/Schubert, Beratung BGB Schuldrecht III, §§ 836–838, S. 990; Motive II,
    S. 817 f.
41 Jakobs/Schubert, Beratung BGB Schuldrecht III, §§ 836–838, S. 990
42 Jakobs/Schubert, Beratung BGB Schuldrecht III, §§ 836–838, S. 991
43 Jakobs/Schubert, Beratung BGB Schuldrecht III, §§ 836–838, S. 990

welche dem vorliegenden Gesetzesentwurf unbekannt und welche für den modernen Verkehr nicht mehr passend sei.[44] Notwendig sei allerdings, diese Haftung des früheren Besitzers zu beschränken, wobei gegenüber einer willkürlichen zeitlichen Beschränkung der Vorzug der in dem Gesetzesvorschlag zu § 735 E I RJA berücksichtigten Exkulpationsmöglichkeit zu geben sei.[45]

Nicht in den E I RJA aufgenommen wurden die nachfolgend aufgeführten Regelungen zu § 734 c sowie § 735 c, deren Aufnahme in den E I RJA nach dem Vorbild des spanischen Zivilgesetzbuchs von 1889 (Artikel 1908 Nr. 1) beantragt worden war:

§ 734 c E I RJA (Vorschlag)[46]

Wer Sachen, die sich leicht entzünden, oder Sprengstoffe aufbewahrt, haftet, wenn dieselben sich entzünden oder explodiren, für den Schaden, welcher dadurch einem Anderen durch Verletzung des Lebens, des Körpers, der Gesundheit, der Freiheit oder durch Beschädigung von Sachen herbeigeführt wird (es sei denn, dass die Entzündung oder Explosion durch höhere Gewalt herbeigeführt worden ist).

§ 735 c E I RJA (Vorschlag)[47]

Wer eine mit Dampf oder gespannten Gasen arbeitende Maschine im Betriebe hat, ist für den Schaden verantwortlich, welcher einem anderen durch Verletzung des Lebens, des Körpers, der Gesundheit, der Freiheit oder durch Beschädigung von Sachen dadurch zugefügt wird, daß die Maschine in Folge fehlerhaften Baues, mangelhafter Unterhaltung oder unrichtiger Bedienung explodirt. Die Verantwortlichkeit tritt nicht ein, wenn derjenige, welcher die Maschine im Betriebe hat, zum Zwecke der Abwendung der Gefahr der Explosion das durch den Betrieb gebotene Maß von Sorgfalt beobachtet hatte.
In gleicher Weise haftet derjenige, welcher für den nach dieser Vorschrift Verpflichteten die Besorgung der Maschine übernommen hatte.
Die Vorschrift des § 735 b findet entsprechende Anwendung.

Die Befürworter dieses Vorschlages waren der Ansicht, dass der industrielle Maschinenbetrieb sowie der Geschäftsbetrieb mit gefährlichen Stoffen das Bedürfnis hervorgerufen habe, die Unternehmer in weiterem Umfang, als dies nach geltendem Recht geschehen konnte, für verantwortlich zu erklären. Dabei sollte die bestehende Unfallversicherungsgesetzgebung unberührt bleiben, man wollte hauptsächlich solche dritten Personen schützen, welche auf die gesetzliche Unfallversicherung keinen Anspruch erheben konnten.[48] Es empfehle sich mit Rück-

---

44 Jakobs/Schubert, Beratung BGB Schuldrecht III, §§ 836–838, S. 991
45 Jakobs/Schubert, Beratung BGB Schuldrecht III, §§ 836–838, S. 991
46 Zitat nach Jakobs/Schubert, Beratung BGB Schuldrecht III, §§ 836–838, S.992
47 Zitat nach Jakobs/Schubert, Beratung BGB Schuldrecht III, §§ 836–838, S.992
48 Jakobs/Schubert, Beratung BGB Schuldrecht III, §§ 836–838, S. 992

sicht auf die Ähnlichkeit der Verhältnisse, die Haftung für den Betrieb gefährlicher Stoffe derjenigen des § 734 E I RJA,[49] sowie Haftung des Unternehmers aus dem Maschinenbetrieb derjenigen des § 735 E I RJA anzugleichen.

Die Mehrheit in der Vorkommission entschied sich gegen diesen Vorschlag mit der Begründung, dass sich dessen wirtschaftliche Tragweite nicht übersehen lasse und insbesondere zu befürchten sei, dass die Betriebsunternehmer nicht in der Lage sein würden, die ihnen dadurch aufgebürdeten Lasten zu tragen. Richtiger sei es, diese Fragen der Spezialgesetzgebung zu überlassen.[50] Im übrigen vertraute die Kommissionsmehrheit darauf, dass die gewerbepolizeilichen Verordnungen in Verbindung mit § 704 E I RJA dem in Frage kommenden Personenkreis ausreichenden Schutz gewähren würden.

7.1.4 Der Entwurf zweiter Lesung

Die zweite Kommission übernahm im Wesentlichen die Fassung der §§ 735, 735 a E I RJA und präzisierte bzw. erweiterte den Tatbestand, indem u. a. das Merkmal der Ablösung von Teilen des Gebäudes hinzugefügt wurde.[51] Beschlossen wurden auf dieser Basis folgende Vorschriften:

§ 759 E II[52]

Wird durch den Einsturz eines Gebäudes oder eines sonstigen mit einem Grundstücke verbundenen Werkes oder durch Ablösung von Theilen des Gebäudes oder des Werkes ein Mensch getötet, der Körper oder die Gesundheit eines Menschen verletzt oder eine Sache beschädigt, so ist der Besitzer des Grundstückes, sofern der Einsturz oder die Ablösung die Folge fehlerhafter Errichtung oder mangelhafter Unterhaltung ist, verpflich-

---

49 § 734 E I RJA hat folgenden Wortlaut:
   Wer ein Thier hält, ist, wenn das Thier das Leben, den Körper oder die Gesundheit eines Menschen verletzt oder eine Sache beschädigt, verpflichtet, dem Verletzten den daraus entstandenen Schaden zu ersetzen. Die Schadensersatzpflicht tritt nicht ein, wenn der Schaden durch ein Hausthier zugefügt ist und derjenige, welcher das Hausthier hält, bei dessen Beaufsichtigung die im Verkehr übliche Sorgfalt beobachtet hatte oder der Schaden auch bei Anwendung dieser Sorgfalt entstanden sein würde. Den Hausthieren stehen Bienen gleich.
   Wird das Thier von mehreren gehalten, so haften sie als Gesamtschuldner.
   Wer aufgrund dieser Vorschriften Schadensersatz geleistet hat, kann von demjenigen, welcher für die Beschädigung nach den allgemeinen Grundsätzen über den Schadensersatz aus unerlaubten Handlungen verantwortlich ist, Ersatz verlangen.
   Zitat nach Jakobs/Schubert, Beratung BGB Schuldrecht III, §§ 836–838, S. 964
50 Jakobs/Schubert, Beratung BGB Schuldrecht III, §§ 836–838, S. 992 f
51 Staudinger-Belling/Eberl-Borges, BGB, § 836 RN 6
52 Mugdan II, S. CXXX f.

tet, dem Verletzten den dadurch entstandenen Schaden zu ersetzen, es sei denn, daß er
zum Zwecke der Abwendung der Gefahr die im Verkehr erforderliche Sorgfalt beobachtet
hat.

    Ein früherer Besitzer des Grundstücks ist für den Schaden verantwortlich, wenn der
Einsturz oder die Ablösung innerhalb eines Jahres nach der Beendigung des Besitzes ein-
tritt, es sei denn, daß er während seines Besitzes die im Verkehr erforderliche Sorgfalt
beobachtet hat oder ein späterer Besitzer durch Beobachtung dieser Sorgfalt die Gefahr
hätte abwenden können.

    Besitzer im Sinne dieser Vorschriften ist der Eigenbesitzer.

§ 760 E II[53]

Besitzt jemand auf einem fremden Grundstück in Ausübung eines Rechtes ein Gebäude
oder ein sonstiges Werk, so trifft ihn anstelle des Besitzers die in § 759 bestimmte Haf-
tung.

§ 761 E II[54]

Wer die Unterhaltung eines Gebäudes oder eines mit einem Grundstücke verbundenen
Werkes für den Besitzer übernommen oder das Gebäude oder das Werk vermöge eines
ihm zustehenden Nutzungsrechts zu unterhalten hat, ist für den durch Einsturz oder Ablö-
sung von Theilen entstandenen Schaden in gleicher Weise verantwortlich wie der Besit-
zer.

Innerhalb der zweiten Kommission war trotz der grundsätzlichen Geltung des Verschuldensprinzips eine erhebliche Ausweitung des haftungsbegründenden Tatbestandes sehr ernsthaft in der Diskussion.[55] Man behandelte intensiv die Streitfrage, ob man die Haftung für Schäden durch Gebäudemängel auf ein Verschulden oder auf eine objektive Fehlerhaftigkeit ohne Verschuldenserfordernis gründen sollte.[56] Mit dem Ziel der Einführung einer verschuldensunabhängigen Gebäudehaftung lagen der Kommission folgende Anträge vor:

Der Antrag zu Nr. 2 (Struckmann)[57] sah vor, den § 735 E I RJA wie folgt zu fassen:

---

53 Mugdan II, S. CXXXI
54 Mugdan II, S. CXXXI
55 Schmidt-Salzer, Verschuldensprinzip in FS Steffen 1995, S. 429 (433 f.); Benöhr, Außervertragliche Haftung in FS Kaser 1976, S. 689 (712 f.)
56 Mugdan II, S. 1150
57 Jakobs/Schubert, Beratung BGB Schuldrecht III, §§ 836–838, S. 993

Der Eigenthümer eines Gebäudes oder eines sonstigen, mit einem Grundstücke ver-
bundenen Werkes ist, wenn das Gebäude oder das Werk in Folge fehlerhafter Errichtung
oder mangelhafter Unterhaltung einstürzt und dadurch das Leben, der Körper oder die
Gesundheit eines Menschen verletzt oder eine Sache beschädigt wird, verpflichtet, dem
Verletzten den daraus entstandenen Schaden zu ersetzen.
  Mehrere Eigenthümer haften als Gesamtschuldner. Ist für die Beschädigung neben
dem Eigenthümer ein Dritter nach den allgemeinen Vorschriften über die Schadenser-
satzpflicht aus unerlaubten Handlungen verantwortlich, so haften sie als Gesamtschuld-
ner; im Verhältnisse derselben zu einander ist der Dritte allein verpflichtet.

Der Antrag zu Nr. 3 (Jacubezky)[59] sah folgende Fassung des § 735 E I RJA vor:

Antrag zu Nr. 3 (Jacubezky)[60]

Der Besitzer eines Grundstücks ist, wenn ein auf dem Grundstücke befindliches Gebäude
oder sonstiges Werk in Folge fehlerhafter Errichtung oder mangelhafter Unterhaltung
einstürzt und dadurch das Leben, der Körper oder die Gesundheit eines Menschen ver-
letzt oder eine Sache beschädigt wird, verpflichtet, dem Verletzten den daraus entstande-
nen Schaden zu ersetzen. In gleicher Weise haftet der frühere Besitzer wegen eines inner-
halb eines Jahres nach der Beendigung seines Besitzes erfolgten Einsturzes, wenn der
Einsturz in Folge eines zur Zeit des Besitzes des früheren Besitzers vorhanden gewesenen
Fehlers der Errichtung oder in Folge mangelhafter Unterhaltung während des Besitzes
des späteren Besitzers verursacht ist.

In der Sitzung der zweiten Kommission wurde der Antrag zu Nr. 3. zu Gunsten des Antrags zu Nr. 2. zurückgezogen und statt dessen als Antrag zu Nr. 4 beantragt, die Schlußworte des als Antrag zu 1. vorgeschlagenen § 735 E I RJA
(„es sei denn ... hatte") zu streichen und an Stelle des dortigen zweiten Satzes
den zweiten Satz des Antrags zu Nr. 3 einzufügen.[61] Die so vorgeschlagene Fassung hatte demnach folgenden Wortlaut:

Der Besitzer eines Grundstücks ist, wenn ein auf dem Grundstücke befindliches Gebäude
oder sonstiges Werk in Folge fehlerhafter Errichtung oder mangelhafter Unterhaltung
einstürzt und dadurch das Leben, der Körper oder die Gesundheit eines Menschen ver-
letzt oder eine Sache beschädigt wird, verpflichtet, dem Verletzten den daraus entstande-
nen Schaden zu ersetzen. In gleicher Weise haftet der frühere Besitzer wegen eines inner-
halb eines Jahres nach der Beendigung seines Besitzes erfolgten Einsturzes, wenn der
Einsturz in Folge eines zur Zeit des Besitzes des früheren Besitzers vorhanden gewesenen

---

58 Mugdan II, S. 1184
59 Jakobs/Schubert, Beratung BGB Schuldrecht III, §§ 836–838, S. 993
60 Jakobs/Schubert, Beratung BGB Schuldrecht III, §§ 836–838, S. 993
61 Jakobs/Schubert, Beratung BGB Schuldrecht III, §§ 836–838, S. 993

Fehlers der Errichtung oder in Folge mangelhafter Unterhaltung während des Besitzes des späteren Besitzers verursacht ist.

Die Befürworter der Einführung einer verschuldensunabhängigen Haftung machten zur Begründung ihrer vorstehenden Anträge Billigkeitserwägungen sowie Gründe des modernen Rechtsbewußtseins geltend. Das Halten eines Gebäudes sei ein Unternehmen, welches bei fehlerhafter Beschaffenheit des Baues andere mit Schaden bedrohe. Es entspreche daher am ehesten der Billigkeit, den auf solche Weise entstandenen Schaden demjenigen aufzuerlegen, welcher das Bauwerk zu seinem Vorteile halte, als einem zufällig betroffenen, unbeteiligten Verletzten.[62] Indem der Schaden verursacht sei durch einen objektiv feststellbaren Mangel der Sache, handele es sich bei der vorgeschlagenen Haftung nicht um eine solche für Zufall, sondern es werde der Mangel dem Besitzer oder Eigentümer zugerechnet, ähnlich wie die Verschuldung dem Handelnden.[63]

Des Weiteren erfordere das moderne Rechtsbewusstsein mit Entschiedenheit die vorgeschlagene absolute Haftung.[64] Dies folge daraus, dass die meisten neueren Gesetze seit dem Code civil in Fällen der Schadensverursachung durch fehlerhafte Errichtung oder mangelhafte Unterhaltung von Gebäuden oder anderen Werken die Haftung auf Schadensersatz nicht nach dem sonst das Schadensrecht dominierenden Verschuldensprinzip regelten, sondern in mehr oder weniger enger Anlehnung an die Grundsätze der römisch-rechtlichen *cautio damni infecti*.[65]

Auch von der Kritik zum E I sei eine Umänderung des E I in diesem Punkt fast einhellig gefordert worden.[66] Ob das Veranlassungsprinzip im Allgemeinen richtig sei und sich deshalb auch allgemein zur Einführung in das BGB empfehle, ließen die Befürworter der verschuldensunabhängigen Gebäudehaftung offen; im vorliegenden Fall sei es jedenfalls anzuwenden, da es der spezielle Tatbestand erfordere.[67]

Die Mehrheit der zweiten Kommission wandte sich gegen die Einführung einer wie auch immer gearteten verschuldensunabhängigen Gebäudehaftung, wobei sie sich zur Begründung auf das Verschuldensprinzip berief, welches sie selbst für den Entwurf eines bürgerlichen Gesetzbuches allgemein gebilligt habe.[68]

---

62 Protokolle II, S. 654
63 Mugdan II, S. 1150
64 Mugdan II, S. 1150
65 Motive II, S. 814 f.
66 Mugdan II, S. 1150; Bähr, Gegenentwurf BGB, S. 170; Protokolle II, S. 654; Reichsjustizamt, Gutachterliche Äußerungen II, S. 416 f.: Die Kritik am E I forderte zwar nicht explizit die Einführung einer verschuldensunabhängigen Haftung, allerdings zumindest die Einführung einer Verschuldensvermutung.
67 Mugdan, Materialien II, S. 1150
68 Protokolle II, S. 655

Zwar sei man in Einzelfällen, etwa bei Tierhalterhaftung nach 734 E I RJA[69], vom Verschuldensprinzip abgewichen, aber es entspreche dem bisher festgehaltenen Standpunkt der Kommission, vom Prinzip der subjektiven Verschuldung nur abzugehen, wenn dafür im Einzelfall besondere Umstände sprächen. Solche besonderen Umstände sah die Kommission im Falle der Gebäudehaftpflicht nicht als gegeben an. Der Schaden erscheine vielmehr als durch Zufall veranlasst, so dass es nicht einzusehen sei, diesen auf den Besitzer des Gebäudes abzuwälzen, wenn der Besitzer alle Vorsicht angewandt habe, um einen Unfall zu verhüten.[70]

Die bloße Tatsache, dass jemand ein Bauwerk halte, könne nicht einem Verschulden gleichgestellt werden. Ebenso wenig könne ein objektiver Mangel des Werkes dem Besitzer oder Eigentümer zugerechnet werden, wenn dieser den Mangel weder kannte noch bei Anspannung der erforderlichen Sorgfalt hätte erkennen können.[71] Schließlich fiel für die Entscheidung der zweiten Kommission nicht unerheblich ins Gewicht, dass sich die Regierungen der Bundesstaaten mit Ausnahme der bayerischen für die Beibehaltung des Verschuldensprinzips und gegen eine absolute Haftung aussprachen.[72]

Die zweite Kommission hielt es allerdings für geboten, in Ansehung des Verschuldensgrundsatzes die Beweislast abweichend von den allgemeinen Grundsätzen so zu gestalten, dass der Besitzer eines Gebäudes haftbar ist, wenn er nicht die Beobachtung der erforderlichen Sorgfalt nachweist.[73] Weitere Beweiserleichterungen hinsichtlich des Verschuldensmerkmales lehnte die Kommission ab; so folgte sie nicht dem Vorschlag, wonach der Eigentümer haften sollte, falls er nicht die Beobachtung der erforderlichen Sorgfalt überhaupt, d. h. wohl im allgemeinen, nachweise.[74] Sie sah den Eigentümer dadurch zu stark belastet.[75]

In einem inneren Zusammenhang mit der Frage der Entscheidung für oder gegen das Verschuldensprinzip stehend sah die zweite Kommission die Frage, ob der Eigentümer oder Besitzer des Gebäudes bzw. des mit dem Grundstück verbundenen Werkes haftpflichtig sein sollte. Dafür, den Eigentümer haftbar zu machen, spreche das Vorbild des römischen Rechtes sowie die meisten neueren Gesetze.[76] Des Weiteren werde der Geschädigte durch die Haftpflicht des Eigen-

---

69 Zum Wortlaut des § 734 E I RJA siehe Jakobs/Schubert, Beratung BGB Schuldrecht III, §§ 833–834, S. 964
70 Protokolle II, S. 655
71 Protokolle II, S. 655
72 Protokolle II, S. 655
73 Protokolle II, S. 655
74 Protokolle II, S. 655
75 Protokolle II, S. 655
76 Protokolle II, S. 655; Wegen der Einzelheiten zu den neueren Gesetzen vgl. Motive II, S. 818.

tümers eindeutig begünstigt, da der Eigentümer einer Immobilie regelmäßig leichter zu ermitteln sei als deren Besitzer.[77] Die Kommission entschied sich indes für die Haftpflicht des Besitzers und gegen die Haftpflicht des Eigentümers, da dies allein dem Prinzip der Verschuldenshaftung entspreche. Lege man, so die zweite Kommission, das Verschuldensprinzip zugrunde, so dürfe man nur demjenigen die Schadensersatzpflicht auferlegen, dem es kraft tatsächlicher Einwirkungsmöglichkeit auf die Sache möglich sei, durch Abstellung von Mängeln Gefahren abzuwenden.[78] Der nicht besitzende Eigentümer sei oft gar nicht in der Lage, sich über den Zustand seines Gebäudes in Kenntnis zu setzen und rechtzeitig etwa erforderliche Maßnahmen zu treffen, dies sei insbesondere in den Fällen mit Händen zu greifen, in denen der Eigentümer etwa als Erbe von dem angefallenen Grundeigentum keine Kenntnis habe oder wenn dem Eigentümer der Besitz widerrechtlich vorenthalten werde.[79]

Damit der Besitzer sich nicht durch Aufgabe seines Grundbesitzes der ihm obliegenden Verantwortung entziehen könne, erschien es der zweiten Kommission erforderlich, in gewissen Grenzen auch den früheren Besitzer für einen nach Aufgabe seines Besitzes eingetretenen Unfall haftbar zu machen. Der Antrag zu 2. (Struckmann) gestaltete sich nach Ansicht der Kommission insoweit problematisch, als er es dem haftpflichtigen Eigentümer gestatte, sich stillschweigend von der Haftung zu befreien.[80] Gegen diese Befreiungsmöglichkeit wurde eingewandt, dass sie dem römischen Recht entnommen sei und insbesondere mit der „eigenthümlichen Normirung der *cautio damni infecti*" zusammenhänge, welche den heutigen Verhältnissen nicht mehr entspreche.[81] Ein Schutz des Eigentümers werde durch den Antrag Struckmanns im übrigen nur unvollkommen erreicht, da die Aufgabe des Eigentums nur für die Zukunft von der Haftpflicht befreie, nicht jedoch für bereits in der Vergangenheit entstandene Schäden. Dadurch, dass man den Besitzer und nicht den Eigentümer für haftbar erklärt habe, erledige sich das Problem der Dereliktion von selbst.[82]

Die zweite Kommission sah es als geboten an, die Haftung des früheren Besitzers zu beschränken. Dies geschehe auf zweifache Weise: Zum einen werde der frühere Besitzer, welcher für einen Schaden aufgrund eines während seiner Besitzzeit schon vorhandenen Mangels hafte, von seiner Haftung frei, wenn der spätere Besitzer seinerseits durch Beobachtung der erforderlichen Sorgfalt den Unfall hätte verhindern können. Zum anderen erschien der zweiten Kommission

---

77 Protokolle II, S. 655
78 Protokolle II, S. 655
79 Protokolle II, S. 655 f.
80 Protokolle II, S. 656;
81 Protokolle II, S. 656
82 Protokolle II, S. 656

auch in zeitlicher Hinsicht eine gewisse Beschränkung wünschenswert, wenngleich damit eine gewisse Willkürlichkeit verbunden sei. Die Beschränkung der Haftpflicht auf ein Jahr nach Besitzaufgabe, wie vorgeschlagen, fand die Billigung der Kommission, wobei sie erwog, dass nach mehr als einem Jahr ab Aufgabe des Besitzes die Wahrscheinlichkeit regelmäßig dafür sprechen werde, dass ein späterer Besitzer für einen Schaden verantwortlich sei.[83]

Trotz der gerade innerhalb der zweiten Kommission deutlich vernehmbaren Vorbehalte gegen die *cautio damni infecti* wurde nach dem Vorbild des Schweizerischen Obligationenrechts sowie unter Bezugnahme auf § 809 des Gegenentwurfs zu dem Entwurfe eines bürgerlichen Gesetzbuches von Otto Bähr[84] von Struckmann beantragt, folgende, an das Kautionsverlangen der *cdi* erinnernde Bestimmung in das Gesetz aufzunehmen:

§ 735 b E II (Vorschlag)[85]

Wer von einem Gebäude oder sonstigen Werke wegen Gefahr des Einsturzes mit Schaden bedroht ist, kann von demjenigen, welcher nach § 735 im Falle des Einsturzes verantwortlich ist, die Vorkehrung der zur Abwendung der Gefahr erforderlichen Maßregeln verlangen.

Der Antrag wurde von der Kommissionsmehrheit abgelehnt mit der Begründung, dass diese Bestimmung in ihrer Allgemeinheit zu weit gehe. Es erschien bedenklich, jedem Dritten, welcher sich durch den drohenden Einsturz eines Gebäudes beschwert fühle, einen Anspruch auf Gefahrabwendungsmaßnahmen zu geben.[86] Insoweit wurde der polizeirechtliche Schutz als ausreichend angesehen sowie die Frage, ob das Nachbarrecht einer entsprechenden Bestimmung bedürfe, an die Beratung des Sachenrechts verwiesen.[87]

Wie schon in der Vorkommission wurde erneut in der zweiten Kommission beantragt, eine Haftung für die aus den Gefahren von Dampfmaschinen und dgl. resultierenden Schäden einzuführen. Der Antrag wich seinem Wortlaut nach von dem in der Vorkommission gestellten Antrag leicht ab, er lautete wie folgt:

---

83 Protokolle II, S. 656
84 § 809 des Bähr'schen Gegentwurfs lautet:
   Wer von dem Gebäude oder Werke eines Anderen mit Schaden bedroht ist, kann von dem Eigenthümer oder dem Unterhaltspflichtigen verlangen, daß er die zur Abwendung der Gefahr erforderlichen Maßnahmen treffe.
   Zitat nach Bähr, Gegenentwurf BGB, S. 171
85 Protokolle II, S. 657
86 Protokolle II, S. 657
87 Protokolle II, S. 657

§ 735 c E II (Vorschlag)[88]

Wer eine mit Dampf oder gespannten Gasen arbeitende Maschine im Betriebe hat, ist, wenn die Maschine infolge fehlerhaften Baues, mangelhafter Unterhaltung oder unrichtiger Bedienung explodirt, und dadurch das Leben, der Körper und die Gesundheit eines Menschen verletzt oder eine Sache beschädigt wird, verpflichtet dem Verletzten den daraus entstandenen Schaden zu ersetzen, es sei denn, daß er zum Zwecke der Abwendung der Gefahr der Explosion die im Verkehr erforderliche Sorgfalt beobachtet hatte.

Auf die Verantwortlichkeit wegen der im Abs. 1 bezeichneten Maschinen finden die Vorschriften (...) entsprechende Anwendung.

Auch dieser Antrag wurde abgelehnt. Die Befürworter des Antrags wollten die Haftung desjenigen, welcher eine Dampfmaschine unterhalte, nach dem Vorbild des § 735 E I RJA bzw. des § 759 E II durch Umkehr der Beweislast hinsichtlich des Verschuldens erweitern. Es lasse sich nicht verkennen, so wurde geltend gemacht, dass die dem Publikum aus der Explosion von Dampfmaschinen drohenden Gefahren in mancher Hinsicht ähnlich seien wie die mit dem Einsturz von Gebäuden zusammenhängenden Gefahren.[89] Die in der Vorkommission geltend gemachte, besonders schwere wirtschaftliche Belastung der Industrie durch diese Vorschrift sei kaum zu befürchten, da nur eine Umkehrung der Beweislast hinsichtlich des Verschuldens in Rede stehe und nicht etwa die Einführung einer verschuldensunabhängigen Haftung.[90]

Gegen den Antrag wurde mit Erfolg eingewendet, dass die geplante Bestimmung einen durchaus kasuistischen Charakter habe, so dass man im Ergebnis mangels besonderen Bedürfnisses die Einführung einer derartigen Bestimmung der Spezialgesetzgebung überlassen müsse. Im Übrigen wurde, wie schon zuvor bei der Ablehnung des § 735 c E I RJA, auf die gewerbepolizeilichen Vorschriften verwiesen, welche in Verbindung mit der Vorschrift des § 704 im Allgemeinen hinreichenden Schutz gewährten.

7.1.5 Die Gesetz gewordene Fassung: §§ 836 – 838 BGB

Die von der zweiten Kommission angenommenen Gesetzesvorschläge zu §§ 759 – 761 E II wurden in der Folge nur noch geringfügig redaktionell geändert. Wesentliche Änderungsvorschläge gab es insbesondere in der mit der Beratung des E II befassten XII. Kommission des Reichstages nicht mehr. Folgende Vorschriften wurden Gesetz:

---

88 Protokolle II, S. 658
89 Protokolle II, S. 658
90 Protokolle II, S. 658

§ 836 BGB[91]

(§735 I E I; 759 E II; § 820 Reichstagsvorlage)

Wird durch den Einsturz eines Gebäudes oder eines anderen mit einem Grundstücke ver-
bundenen Werkes oder durch die Ablösung von Theilen des Gebäudes oder des Werkes
ein Mensch getötet, der Körper oder die Gesundheit eines Menschen verletzt oder eine
Sache beschädigt, so ist der Besitzer des Grundstücks, sofern der Einsturz oder die Ablö-
sung die Folge fehlerhafter Errichtung oder mangelhafter Unterhaltung ist, verpflichtet,
dem Verletzten den daraus entstehenden Schaden zu ersetzen. Die Ersatzpflicht tritt nicht
ein, wenn der Besitzer zum Zwecke der Abwendung der Gefahr die im Verkehr erforderli-
che Sorgfalt beobachtet hat.

Ein früherer Besitzer des Grundstücks ist für den Schaden verantwortlich, wenn der
Einsturz oder die Ablösung innerhalb eines Jahres nach Beendigung seines Besitzes ein-
tritt, es sei denn, daß er während seines Besitzes die im Verkehr erforderliche Sorgfalt
beobachtet hat oder ein späterer Besitzer durch Beobachtung dieser Sorgfalt die Gefahr
hätte abwenden können.

Besitzer im Sinne dieser Vorschriften ist der Eigenbesitzer.

§ 837 BGB[92]

(§ 735 II E I; § 760 E II; § 821 Reichstagsvorlage)

Besitzt jemand auf einem fremden Grundstück in Ausübung eines Rechts ein Gebäude
oder ein anderes Werk, so trifft ihn an Stelle des Besitzers des Grundstücks die im § 836
bestimmte Verantwortlichkeit.

§ 838 BGB[93]

(§ 735 III E I; § 761 E II; § 822 Reichstagsvorlage)

Wer die Unterhaltung eines Gebäudes oder eines mit einem Grundstücke verbundenen
Werkes für den Besitzer übernimmt oder das Gebäude oder das Werk vermöge eines ihm
zustehenden Nutzungsrechts zu unterhalten hat, ist für den durch den Einsturz oder die
Ablösung von Theilen verursachten Schaden in gleicher Weise verantwortlich wie der Be-
sitzer.

---

91 RGBl. S. 195; vgl. auch Haidlen, Bürgerliches Gesetzbuch, S. 951
92 RGBl. S. 195; vgl. auch Haidlen, Bürgerliches Gesetzbuch, S. 955
93 RGBl. S. 195; vgl. auch Haidlen, Bürgerliches Gesetzbuch, S. 955

7.2 Vertiefungsverbot, § 909 BGB

7.2.1 Teilentwurf zum Sachenrecht

Der Teilentwurf zum Sachenrecht (TE Sachenrecht) behandelt die *cautio damni infecti* wegen *vitium operis*.[94] Der für das Sachenrecht zuständige Redaktor Johow entschied sich einerseits gegen die Aufnahme einer der *cdi* ähnlichen Regelung in den TE Sachenrecht sowie andererseits dafür, gefährliche Benutzungen des Grundstücks zu verbieten. Diese Vorentscheidung Johows ist im weiteren Verlauf der Gesetzesberatungen nicht mehr grundsätzlich revidiert worden und mündete letztlich ein in die Vorschriften zum Vertiefungsverbot und zum Verbot schädlicher Anlagen, welche in § 909 und § 907 BGB Gesetz geworden sind.[95]

§ 111 TE Sachenrecht, welcher das Vertiefungsverbot regelte, hatte folgenden Wortlaut:

§ 111 TE Sachenrecht[96]

Die Nachbarn sind gegenseitig verpflichtet, die Anlage solcher Vertiefung ihres Erdbodens in der Nähe der Grenze zu unterlassen, bei welcher voraussichtlich dem Boden des Nachbarn die erforderliche Stützung durch das diesseitige Erdreich entzogen wird, es sei denn, daß gleichzeitig für eine genügende anderweitige Befestigung gesorgt wird.

Johow sah die Tatsache, dass die römischen Juristen in Fällen der Vertiefung eines Grundstücks (*fodere*) dem bedrohten Grundstücksnachbarn den Anspruch auf Leistung der *cdi* gaben, als eine Beschränkung der Rechte des bedrohten Grundstückseigentümers an.[97] Diese Beschränkung auf Schadensersatz in Geld habe ihre innere Rechtfertigung darin gefunden, dass die römischen Juristen vom Bauherrn nicht verlangt hätten, den Nachsturz des Bodens vorauszusehen; die Konsistenz des Erdbodens, so Johow, sei allerdings im Einzelfall derartig unterschiedlich, dass es durchaus schwer falle, im Voraus zu berechnen, ob und wie weit jeweils im konkreten Einzelfall ein Nachsturz stattfinden werde.[98] Daher habe es im römischen Recht folgerichtig weder eine Schadensersatzklage wegen schuldhafter Vertiefung eines Grundstücks noch ein Vertiefungsverbot gegeben.[99] Johow folgerte aus der Existenz der Kautionspflicht – wohl unzutreffend-

94 Vgl. zum *vitium aedium* 7.1.1 sowie 2.2 dieser Arbeit.
95 Süss, Verschuldensunabhängige Haftung, S. 67
96 Jakobs/Schubert, Beratung BGB Sachenrecht I, § 909 BGB, S. 464
97 Süss, aaO, S. 67
98 Schubert, TE Sachenrecht I, § 111, S. 732 f.
99 Schubert, TE Sachenrecht I, § 111, S. 733

erweise –[100], dass eine Grundstücksvertiefung nach römischem Recht an sich unerlaubt gewesen sei; denn der gefährdete Grundstückseigentümer habe ein Recht auf das *onus ferendum* gehabt, die Stützung seines Bodens durch das Nachbargrundstück zu verlangen, welches allerdings in seinen Rechtsfolgen sehr beschränkt gewesen sei.[101]

Dieses Recht auf das *onus ferendum* wollte Johow durch das im § 111 TE Sachenrecht vorgeschlagene Vertiefungsverbot geschützt wissen.

Die darin enthaltene Abweichung von der *cdi* begründete Johow überraschenderweise mit der Annahme, dass ein Nachsturz von Bodenmaterial für den die Vertiefung aushebenden Grundstücksnachbarn wohl mit hinreichender Sicherheit voraussehbar sei.[102] Diese Tatsachenannahme Johows steht in Widerspruch zu der von ihm selbst zuvor anlässlich der Diskussion der *cdi* noch durchaus für nachvollziehbar gehaltenen Annahme der römischen Juristen, dass ein Nachsturz von Bodenmaterial im Einzelfall wegen der unterschiedlichen Konsistenz des Erdbodens eben nur schwer voraussehbar sei. Folge der neueren Annahme Johows ist, dass dem gefährdeten Grundstückseigentümer in Abweichung zum römischen Recht eine negatorische Klage gegen die Vertiefung zustehen müsse; des weiteren müsse ergänzend eine Schadensersatzhaftung für den Fall bestehen, dass die Vertiefung zu einer Beschädigung des Nachbargrundstücks führe und diese Beschädigung voraussehbar gewesen sei.[103] Die Schadensersatzhaftung war nach Johow deliktischer Art; Grundlage war der schuldhafte Verstoß gegen den von Johow postulierten Rechtssatz, dass jeder Grundstückseigentümer von seinem Grundstücksnachbarn die Stützung des eigenen Bodens durch den Boden des Nachbargrundstücks verlangen könne.[104] Ohne diesen Rechtssatz ließ sich eine deliktische Haftung nicht begründen, da diese, wie Johow zutreffend erkannte, eine rechtswidrige Handlung zur Grundlage habe, woran es ohne den postulierten Rechtssatz fehlt; denn in dem Graben auf dem eigenen Grundstück liegt eine Ausübung des Eigentumsrechts, welche für sich allein nicht rechtswidrig sein kann.[105]

---

100 Richtigerweise wird man entgegen Johow sagen müssen, dass nach klassischem römischen Recht die Vornahme einer Grundstücksvertiefung ebenso wie jede andere Baumaßnahme auf eigenem Grundstück für sich genommen, d. h. als Handlung, niemals rechtswidrig sein konnte; dies folgt schon aus der in Rom geltenden apriorischen Eigentumsfreiheit. Deliktische und quasideliktische Haftung als in Rom stets auch pönale und damit verhaltensbezogene Haftung war daher ausgeschlossen, rechtswidrig konnte allein der Schadenserfolg auf dem Nachbargrundstück sein.

101 Schubert, TE Sachenrecht I, § 111, S. 733
102 Schubert, TE Sachenrecht I, § 111, S. 734
103 Schubert, TE Sachenrecht I, § 111, S. 734
104 Schubert, TE Sachenrecht I, § 111, S. 734
105 Schubert, TE Sachenrecht I, § 111, S. 734

Johow sah sich in seiner soeben vorgestellten Ansicht durch die neueren Gesetzgebungen seiner Zeit inspiriert und bestätigt. So stützte er sich etwa auf I. 8 § 187 ALR, welcher bestimmte, dass bei Vertiefungen eines Grundstücks ein Abstand auf dem zu vertiefenden Grundstück von 3 Fuß zur Grundstücksgrenze des Nachbargrundstücks zu verbleiben habe, und leitete daraus negatorische Ansprüche zugunsten des betroffenen Grundstücksnachbars ab.[106] Als weitere Belegstellen aus den neueren partikularrechtlichen Gesetzgebungen dienten Johow u. a.: § 360 des sächsischen BGB,[107] Art. 674 Code civil,[108] § 612 des Züricher GB[109] sowie Art. 990 des liv-, est- und kurländischen Pr. R.[110]

Johow schloß sich mit seinem Entwurf diesen neueren Gesetzgebungen ausdrücklich an, wobei er klar stellte, dass er nicht dem allgemeinen Gedanken anhänge, dass man keine dem Nachbarn Schaden bringende Anlagen herstellen dürfe.[111] Johow erkannte, dass der Entwurf wie die neueren Gesetzgebungen und in Abweichung zur cdi von der Annahme ausgingen, dass Nachsturz von Bodenmaterial für den die Bodenvertiefung aushebenden Grundstückseigentümer voraussehbar sei, was, wie schon erwähnt, insoweit überrascht, als die Verschiedenheit der Bodenverhältnisse eine solche pauschale Annahme eigentlich nicht stützt. Johow wich der zu erwartenden Auseinandersetzung darüber aus, welcher der beiden diametral gegenläufigen sachlichen Annahmen aus welchen Gründen der Vorzug zu geben sei, indem er das eigentliche Problem, ob nämlich bei rein physikalischer Betrachtungsweise ein Nachsturz von Bodenmaterial pauschal voraussehbar ist oder nicht, auf die logisch nachrangige Frage des einzuhaltenden

---

106 Schubert, TE Sachenrecht I, § 111, S. 733
107 § 360 sächs. BGB lautete: *Wer sein Grundstück ausgraben, tiefer legen oder durch einen Graben von dem Grundstücke seines Nachbarn trennen will, muß eine solche Böschung oder Vorrichtung bilden, dass dessen Grund und Boden nicht nachstürzen kann.* Zitat nach Schubert, TE Sachenrecht I, § 111, S. 733 f.
108 Art. 674 Code civil in der zur Zeit der Abfassung des TE Sachenrecht geltenden Fassung legte fest, dass niemand auf seinem Grundstücke eine für das angrenzende Grundstück gefährliche oder nachteilige Anlage machen darf. Zu solchen Anlagen wurden auch einfache „Excavations", also Grundstücksvertiefungen, gerechnet. Nachweis s. Schubert, TE Sachenrecht I, § 111, S. 733
109 § 612 Züricher GB lautete: *Der Eigenthümer darf auch nicht durch Graben auf seinem Boden dem vorhanden Brunnen eines anderen das nöthige Wasser entziehen. Im übrigen ist er nicht gehindert, auch auf seinem Boden zu graben, selbst wenn in Folge dieser Benutzung seines Bodens der nachbarliche Brunnen an Fülle des Wassers einbüßen sollte.* Zitat nach Schubert, TE Sachenrecht I, § 111, S. 734 FN 2
110 Art. 990 des liv-, est- und kurländischen Pr. R. lautete: *Der Eigenthümer eines Grundstücks darf keine Anlage auf demselben machen, wodurch das Einstürzen oder eine sonstige Beschädigung des dem Nachbarn gehörigen Gebäudes herbeigeführt würde.* Zitat nach Schubert, TE Sachenrecht I, § 111, S. 734 FN 1
111 Schubert, TE Sachenrecht I, § 111, S. 734

Grabungsabstands reduzierte.[112] Diese Frage wiederum überantwortete Johow wegen „der Verschiedenheit der Lebensverhältnisse" dem partikularen Nachbarrecht sowie den Polizeigesetzgebungen.[113]

Die von Johow zutreffend zur inneren Rechtfertigung der *cdi* erkannte Sachannahme, dass man den Nachsturz des Erdbodens bei Grabungen auf seinem Grundstück wegen der nicht vorhersehbaren Konsistenz des Erdbodens typischerweise nicht vorhersehen kann, ist damit von ihm selbst in der Sache nicht widerlegt worden. Johow folgte vielmehr dem vom den neueren Gesetzgebungen vorgegebenen Trend, den eine Vertiefung durchführenden Eigentümer negatorischen sowie Schadensersatzansprüchen auszusetzen, und versäumte es, die diese Ansprüche tragende Tatsachenannahme einer kritischen sachlichen Überprüfung auf inhaltliche Konsistenz zu unterziehen. Dieses Versäumnis ist im Laufe der weiteren Gesetzesberatungen nicht mehr korrigiert worden.

7.2.2 Weitere Entwicklung bis zum § 909 BGB

Die erste Kommission billigte das von Johow entworfene Vertiefungsverbot und erblickte in einer unzulässigen Grundstücksvertiefung eine schuldhafte unerlaubte Handlung, soweit sich der schädliche Erfolg bei Anwendung der gebührenden Aufmerksamkeit voraussehen ließ.[114] In den nachfolgenden Beratungen der ersten Kommission behielt man die Regelung im Wesentlichen unverändert bei, welche als § 865 E I folgenden Wortlaut hatte:

§ *865 E I*[115]

In der Nähe eines Nachbargrundstückes ist ein solches Vertiefen des Erdbodens unzulässig, von welchem vorauszusehen ist, daß dem Boden des Nachbargrundstückes die erforderliche Stützung entzogen werden wird, es sei denn, daß für eine genügende anderweitige Befestigung gesorgt wird.

Die zweite Kommission gab der Vorschrift auf den Antrag ihres Mitgliedes Achilles hin die später Gesetz gewordene Fassung; es entfiel das Erfordernis, dass der Nachsturz von Bodenmaterial voraussehbar sein musste, worin die zwei-

---

112 Vgl. Schubert, TE Sachenrecht I, § 111, S. 734
113 Schubert, TE Sachenrecht I, § 111, S. 734
114 Jakobs/Schubert, Beratung BGB Sachenrecht I, § 909, S. 465
115 § 865 E I zitiert nach: Entwurf eines bürgerlichen Gestzbuches für das Deutsche Reich, Erste Lesung, Amtl. Ausgabe, S. 198

te Kommission allerdings keine inhaltliche sondern lediglich eine redaktionelle Änderung erblickte.[116]

Die von der zweiten Kommission beschlossene, später Gesetz gewordene Regelung hatte folgenden Wortlaut:

§ 823 E II, § 909 BGB[117]

Ein Grundstück darf nicht in der Weise vertieft werden, daß der Boden des Nachbargrundstücks die erforderliche Stütze verliert, es sei denn, daß für eine genügende anderweitige Befestigung gesorgt ist.

Zweck des Vertiefungsverbotes gem. § 909 BGB war nach der Intention Johows, dem Grundstückseigentümer mit dem neuen Gesetz einen wirksameren Rechtsschutz zu gewähren, als dies zuvor nach römischem und gemeinem Recht der Fall war, dies gründend auf der Erwägung, dass der Bauherr einen Vertiefungsschaden voraussehen könne und diesen daher abwenden müsse.[118]

7.3 Verbot schädlicher Anlagen, § 907 BGB

7.3.1 Teilentwurf zum Sachenrecht

Was die Errichtung störender Anlagen in der Nähe der Grundstücksgrenze anbetrifft, so stellte sich der Redaktor des Teilentwurfs zum Sachenrecht (TE Sachenrecht) Johow, wie schon ähnlich bei der Frage der Grundstücksvertiefung,[119] auf den Standpunkt, dass ein präventives Verbot solcher Anlagen erforderlich sei.[120] § 114 TE Sachenrecht hatte folgenden Wortlaut:

§ 114 TE Sachenrecht[121]

Die Einrichtung und Haltung anderer Anlagen, von denen eine unerlaubte und nachtheilige Einwirkung auf die Nachbargrundstücke zu besorgen ist, ist unzulässig, soweit nicht solche Vorkehrungen getroffen und solche Entfernungen innegehalten sind, welche das hierüber in Geltung bleibende örtliche Recht oder das Gutachten Sachverständiger zur Abwendung des drohenden Nachtheils erfordert.

---

116 Protokolle III, S. 162
117 § 823 E II zitiert nach Jakobs/Schubert, Beratung BGB Sachenrecht I, § 909, S. 464, 467
118 Süss, aaO, S. 68
119 Vgl. dazu 7.2 dieser Arbeit.
120 Schubert, TE Sachenrecht I, § 114, S. 747
121 § 114 TE Sachenrecht zitiert nach Schubert, TE Sachenrecht I, S. 32

Johow wandte sich ausdrücklich gegen die Beibehaltung der *cdi* des gemeinen Rechts, da er eine verschuldensunabhängige Schadensersatzklage zum Schutz des gefährdeten Grundstückseigentümers für nicht ausreichend ansah.[122] Ein wirksamerer Rechtsschutz, so Johow, liege in der präventiven Verhütung des Schadenseintritts, wenngleich ein solcher nur mit einem Opfer an Freiheit erkauft werde, indem das Gesetz nicht die Verhütung des zu besorgenden Schadens lediglich dem Errichter der Anlagen anheim stelle, sondern die Regelung vorsichtshalber einen unmittelbaren Zwang zur Unterlassung ausübe.[123] Den inneren Grund für die Präventivität des Rechtsschutzes sah Johow darin, dass die in Rede stehenden Eingriffe sich allmählich und unmerklich zu vollziehen pflegten, so dass sie in ihren Wirkungen später nur schwer wieder zu beseitigen seien.[124] Johow sah sich in seiner Entscheidung für ein präventives Verbot gefährlicher Anlagen bestätigt durch eine ganze Reihe von neueren Gesetzgebungen,[125] welche in der Mehrzahl einzuhaltende Grenzabstände bei gewissen störenden Anlagen regeln.

Johow war der Ansicht, dass das vom ihm propagierte Präventivverbot gefährlicher Anlagen eine genügend sichere Voraussicht der abzuwendenden Rechtsverletzung erfordere.[126] Die bloße Befürchtung nachteiliger Einwirkungen auf das eigene Grundstück, wie sie zur Postulation der *cdi* ausreichend ist, konnte nach Meinung Johows dagegen ein Präventivverbot nicht rechtfertigen.[127]

Das präventive Verbot sollte sich nach Ansicht Johows nicht nur gegen die Errichtung der schädlichen Anlagen richten sondern auch gegen das Haben derselben; würde das Verbot allein auf die Person des Errichters der schädlichen Anlage bezogen, so könne die Missachtung des Verbots auch nur für diesen persönliche Rechtsfolgen nach sich ziehen, womit dem bedrohten Nachbarn nicht genügend geholfen sei.[128] Das Grundstück nehme in der Folge der Errichtung eine gefährliche Gestaltung an, welche wieder beseitigt werden müsse.[129] Wie Johow zutreffend erkannte, ließ sich das präventive Verbot des Haltens einer gefährlichen Anlage auf einem Grundstück nicht mehr auf neuere Gesetzgebungen stützen; als historische Vorlage diente Johow insoweit das römische Recht in Form des *interdictum quod vi aut clam*.[130] Dieses Interdikt gewährte – wie be-

---

122 Schubert, TE Sachenrecht I, § 114, S. 748 f.
123 Schubert, TE Sachenrecht I, § 114, S. 749
124 Schubert, TE Sachenrecht I, § 114, S. 746 f.
125 Vgl. Nachweise im einzelnen: Schubert, TE Sachenrecht I, S. 747 f.
126 Schubert, TE Sachenrecht I, § 114, S. 749
127 Schubert, TE Sachenrecht I, § 114, S. 749
128 Schubert, TE Sachenrecht I, § 114, S. 749
129 Schubert, TE Sachenrecht I, § 114, S. 749
130 Schubert, TE Sachenrecht I, § 114, S. 749 f.

reits dargestellt[131] – ein Recht zur Beseitigung all dessen, was entgegen einem wirksamen Bauverbot errichtet worden war.

Johow wollte in seinem Entwurf die schädlichen Anlagen nicht unbedingt verbieten, sondern lediglich, insoweit ähnlich wie bei der *cdi*, dem bedrohten Grundstückseigentümer eine Sicherheit verschaffen. Diese Sicherheit sollte allerdings nicht, wie bei der *cdi,* auf Schadensersatz gerichtet sein, sondern auf „Maßregeln, welche in Ansehung der Anlagen zu treffen sind, um zu verhüten, dass der Schaden überhaupt eintritt."[132] Zu diesen Vorsichtsmaßregeln zählte Johow eine gewisse Entfernung der jeweiligen Anlage von der Grundstücksgrenze, im Übrigen hätten sich die Vorsichtsmaßregeln auf eine Wahrscheinlichkeit der Gefahr der Hinüberwirkung zu stützen.[133] Detailliertere Vorschriften zu den einzuhaltenden Vorsichtsmaßregeln sah Johow – jedenfalls für den vorliegenden Gesetzesentwurf – als nicht erforderlich an; dies sei eine Frage der Einzelbetrachtung, welche in erster Linie dem örtlichen Recht und im Übrigen dem Gutachten von Sachverständigen überlassen bleiben müsse.[134]

7.3.2 Weitere Entwicklung bis zum § 907 BGB

Die erste Kommission billigte § 114 TE Sachenrecht und stimmte mit Johow darin überein, dass dem bedrohten Nachbarn durch ein präventives Verbot schon vor Errichtung einer schädlichen Anlage auf dem Nachbargrundstück Rechtsschutz gegeben werden müsse.[135] Betont wurde die Erwägung Johows, dass die bloße Besorgnis möglicher künftiger Einwirkungen zur Auslösung des präventiven Rechtsschutzes nicht genügen könne, sondern vielmehr voraussehbar feststehen müsse, dass die Benutzung der Anlagen zu unzulässigen Eingriffen in das fremde Eigentum führen werde.[136] Die bloße Besorgnis, also die subjektiv empfundene Möglichkeit einer unzulässigen Einwirkung allein könne den Abwehranspruch nicht auslösen, da sonst eine ungebührliche Beschränkung der rechtmäßigen Benutzung eines Grundstückes zu befürchten sei, welche insbesondere für den Gewerbe- und Fabrikbetrieb zu großen Unzuträglichkeiten führen könne.[137] Nur für den Fall, dass künftige unzulässige Einwirkungen mit Bestimmtheit vorauszuse-

---

131 Vgl. zum *interdictum quod vi aut clam* 3.3 dieser Arbeit; im übrigen s. Schubert, TE Sachenrecht I, § 114, S. 750

132 Schubert, TE Sachenrecht I, § 114, S. 750

133 Schubert, TE Sachenrecht I, § 114, S. 750

134 Schubert, TE Sachenrecht I, § 114, S. 750

135 Jakobs/Schubert, Beratung BGB Sachenrecht I, § 907, S. 459

136 Jakobs/Schubert, Beratung BGB Sachenrecht I, § 907, S. 459 f.

137 Jakobs/Schubert, Beratung BGB Sachenrecht I, § 907, S. 460; Motive III, S. 295

hen seien, sei es gerechtfertigt, eine vorhandene oder in der Entstehung befindliche Anlage ohne Nachweis eines wirklich zugefügten Schadens einer Anlage gleichzusetzen, bei welcher diese Schadensfolge bereits eingetreten sei.[138] Es wurde zur Klarstellung beantragt, § 114 TE Sachenrecht wie folgt umzuformulieren:

Es dürfen solche Anlagen nicht eingerichtet und gehalten werden, deren Benutzung eine unzulässige Einwirkung auf das Nachbargrundstück zur Folge hat.[139]

Der Wortlaut dieses Antrags wurde nur leicht redaktionell überarbeitet und fand als § 864 E I wie folgt Aufnahme in den Entwurf erster Lesung:

§ 864 E I[140]

Anlagen, deren Benutzung eine unzulässige Einwirkung auf ein Nachbargrundstück zur Folge hat, dürfen nicht hergestellt oder gehalten werden.

Die zweite Kommission erörterte zunächst die Frage, ob § 864 E I auch auf Pflanzenanlagen Anwendung finden solle. Anlass dieser Diskussion war die Aussage in den Motiven, dass nach Ansicht der ersten Kommission § 864 E I auf Pflanzenanlagen durchaus Anwendung finden solle.[141] Die zweite Kommission stellte die inhaltliche Richtigkeit dieser Aussage in Frage und hatte Zweifel, ob die erste Kommission tatsächlich dieser Ansicht war; sie ließ die Frage der inhaltlichen Richtigkeit der Motive indes dahin gestellt und sah sich veranlasst klar zu stellen, dass die Vorschrift des § 864 E I nicht auf Pflanzenanlagen Anwendung finden solle.[142] Diese inhaltliche Klarstellung wurde als Absatz 2 des späteren § 907 BGB Gesetz. Hauptsächlicher Erwägungsgrund für die Herausnahme von Pflanzenanlagen aus dem Anwendungsbereich des § 864 E I war die Auffassung der zweiten Kommission, dass sich bei der Herstellung von Pflanzenanlagen im Voraus niemals werde feststellen lassen, dass sie ein unzulässiges Eindringen von Zweigen und Wurzeln zur notwendigen Folge haben werden.[143]

Des Weiteren verwies die zweite Kommission auf § 861 E I,[144] welcher gerade diesen Fall des Eindringens von Zweigen und Wurzeln in das nachbarliche

---

138 Jakobs/Schubert, Beratung BGB Sachenrecht I, § 907, S. 460
139 Jakobs/Schubert, Beratung BGB Sachenrecht I, § 907, S. 460
140 § 864 E I zitiert nach Entwurf eines bürgerlichen Gesetzbuches für das Deutsche Reich, Erste Lesung, Amtliche Ausgabe, S. 197
141 Motive III, S. 293, 295
142 Protokolle III, S.158
143 Protokolle III, S.158
144 § 861 E I hat folgenden Wortlaut: *Wenn Zweige oder Wurzeln eines auf einem Grundstücke stehenden Baumes oder Strauches in das Nachbargrundstück hinüber-*

Grundstück abschließend regele, sowie den in § 866 E I[145] enthaltenen Vorbehalt der Landesgesetze, durch welche der von solchen Pflanzenanlagen negativ betroffene Grundstücksnachbar hinreichend geschützt sei.[146]

Die zweite Kommission billigte im Übrigen den Grundgedanken des § 864 E I. Diese Vorschrift erweitere den Schutz des Grundeigentümers gegen unzulässige Einwirkungen von einer auf dem Nachbargrundstück befindlichen Anlage nach zweierlei Richtungen.[147] Während der Eigentümer ohne § 864 E I erst nach dem Eintritt einer unzulässigen Einwirkung negatorische Abwehransprüche habe, könne er nach § 864 E I schon vor Eintritt unzulässiger Einwirkungen gegen die Herstellung und Haltung solcher Anlagen negatorisch vorgehen, welche solche unzulässigen Einwirkungen zur notwendigen Folge haben.[148] Der betroffene Grundstückseigentümer solle Beseitigung der Anlagen verlangen können.[149] Die zweite Kommission erkannte mit Berufung auf die Motive[150] diese Erweiterung des negatorischen Anspruchs zu einem präventiven Schutzmittel als zweckmäßig an und schloss sich damit, wie schon die erste Kommission, in diesem Punkt der Argumentation Johows an; für den Grundstücksnachbarn sei eine Anlage der in § 864 E I vorausgesetzten Art eine dauernde Quelle der Gefährdung, deren Beseitigung ihm gestattet werden müsse, bevor ihm, dem Grundnachbarn, ein wirklicher Nachteil entstanden sei.[151]

Die zweite Kommission sah es allerdings als erforderlich an, den präventiven negatorischen Schutz nicht auf Anlagen anzuwenden, welche unter Beachtung der einschlägigen landesrechtlichen Vorschriften erstellt worden sind.[152] Das Vorgehen eines Nachbarn gegen den Inhaber einer solchen Anlage dürfe erst

---

ragen, so kann der Eigenthümer des letzteren Grundstücks verlangen, daß das Hinüberragende von dem Eigenthümer des anderen Grundstücks von diesem aus beseitigt wird. Erfolgt die Beseitigung nicht binnen drei Tagen, nachdem der Inhaber des Grundstücks, auf welchem der Baum oder der Strauch sich befindet, dazu aufgefordert ist, so ist der Eigenthümer des Nachbargrundstücks auch befugt, die hinüberragenden Zweige und Wurzeln selbst abzutrennen und die abgetrennten Stücke ohne Entschädigung sich zuzueignen. Zitat nach Entwurf eines bürgerlichen Gesetzbuches für das Deutsche Reich, Erste Lesung, Amtliche Ausgabe, S. 197

145 § 866 E I lautet wie folgt: *Die Landesgesetze, welche das Eigenthum an Grundstücken zu Gunsten der Nachbarn noch anderen oder weiter gehenden Beschränkungen unterwerfen, bleiben unberührt.* Zitat nach Entwurf eines bürgerlichen Gesetzbuches für das Deutsche Reich, Erste Lesung, Amtliche Ausgabe, S. 198

146 Protokolle III, S.158
147 Protokolle III, S.159
148 Protokolle III, S.159
149 Protokolle III, S.159
150 Vgl. Motive III, 294
151 Protokolle III, S.159
152 Protokolle III, S.159

dann statthaft sein, nachdem wirklich unzulässige Einwirkungen auf das Nachbargrundstück eingetreten seien.[153] Dagegen könne nicht durchgreifend eingewendet werden, so die zweite Kommission, dass viele landesrechtliche Vorschriften nicht den Schutz des Nachbarn gegen unzulässige Einwirkungen bezweckten, sondern lediglich polizeirechtlichen Charakter hätten.[154] Denn es sei in jedem Fall ein unerwünschtes Ergebnis, wenn jemand, der eine Anlage unter Beachtung der landesrechtlichen Vorschriften hergestellt habe, von dem Nachbarn zu deren Beseitigung aufgrund des Nachweises gezwungen werden könne, dass diese Anlage notwendigerweise zu einer unzulässigen Einwirkung auf das Nachbargrundstück führen werde.[155]

Auch helfe es nicht weiter, so die zweite Kommission, sich darauf zu beschränken, für Anlagen der hier thematisierten Art eine Ausnahme von § 864 E I bestimmen, wie es der nachfolgende Antrag intendierte, welcher § 864 E I wie folgt zu fassen vorschlug:[156]

Anlagen, von denen mit Bestimmtheit vorauszusehen ist, daß deren Bestand oder Benutzung eine unzulässige Einwirkung auf ein Nachbargrundstück zur Folge haben wird, dürfen nicht hergestellt werden, es sei denn, daß bei deren Herstellung oder Einrichtung die landesgesetzlichen Vorschriften (über Entfernung von der Grenze, Schutzvorkehrungen und dergl.) eingehalten werden.

Eine solche Regelung hätte nach Ansicht der zweiten Kommission das unzweckmäßige Ergebnis zur Folge, dass einerseits der Nachbar bei Entritt einer unzulässigen Einwirkung die Benutzung der Anlage mit dem negatorischen Anspruch verhindern, andererseits eine Beseitigung der Anlage trotz weiter zu befürchtender unzulässiger Einwirkungen nicht verlangen könne; die Anlage würde damit lediglich stillgelegt, obwohl sie für den Nachbarn eine Quelle unzulässiger Einwirkungen bleibe.[157]

Die zweite Kommission entschied sich in Ansehung der Problematik der in die Regelung hineinwirkenden landesgesetzlichen Vorschriften, folgendem Antrag zu folgen, welcher eine Ergänzung des vorzitierten Antrages darstellte und die Hinzufügung folgenden zweiten Absatzes vorsah:[158]

Sind diese(sc. landesgesetzlichen) Vorschriften eingehalten, so kann die Beseitigung der Anlage verlangt werden, wenn sich ergeben hat, daß die Benutzung der Anlage eine unzulässige Einwirkung zur Folge hat.

---

153 Protokolle III, S.159
154 Protokolle III, S.159
155 Protokolle III, S.159
156 Protokolle III, S.157, 159 f.
157 Protokolle III, S.160
158 Protokolle III, S. 158, 160

Die zweite Kommission sah die Landesgesetzgebung als durchaus befugt an, aufgrund des § 866 E I ändernd in die Vorschrift des § 864 E I einzugreifen. Dies dürfe allerdings nicht dazu führen, dass dem Grundstücksnachbarn der durch § 864 E I gewährte erweiterte negatorische Schutz durch landesgesetzliche Regelungen, etwa zum Grenzabstand, praktisch entzogen werde.[159]

Nach redaktioneller Änderung und Präzisierung hinsichtlich des Tatbestandsmerkmals der Voraussehbarkeit künftiger unzulässiger Einwirkungen[160] beschloss die zweite Kommission folgende Vorschrift als § 821 E II, welche in 907 BGB Gesetz geworden ist:[161]

§ 821 E II, § 907 BGB

Der Eigenthümer eines Grundstücks kann verlangen, daß auf den Nachbargrundstücken nicht Anlagen hergestellt oder gehalten werden, von denen mit Sicherheit vorauszusehen ist, dass ihr Bestand oder ihre Benutzung eine unzulässige Einwirkung auf sein Grundstück zur Folge hat. Genügt eine Anlage den landesgesetzlichen Vorschriften, die einen bestimmten Abstand von der Grenze oder sonstige Schutzmaßregeln vorschreiben, so kann die Beseitigung der Anlage erst verlangt werden, wenn die unzulässige Einwirkung thatsächlich hervortritt.

Bäume und Sträucher gehören nicht zu den Anlagen im Sinne dieser Vorschriften.

7.4 Abwehranspruch bei drohendem Gebäudeeinsturz, § 908 BGB

Der zweiten Kommission lag der Antrag vor, folgende Vorschrift als § 864 a E II aufzunehmen:

§ 864 a E II (Vorschlag)[162]

Wird durch ein Gebäude oder ein sonstiges mit einem Grundstücke verbundenes Werk wegen Gefahr des Einsturzes oder der Ablösung von Theilen des Gebäudes oder Werkes ein Nachbargrundstück mit Schaden bedroht, so kann der Eigenthümer dieses Grundstücks von demjenigen, welcher im Falle des Eintritts des Schadens nach den §§ 759 bis 761 des Entw. II für denselben verantwortlich ist, die Vorkehrung der zur Abwendung der Gefahr erforderlichen Maßregeln verlangen.

Gegen diesen Antrag wurde von der Minderheit der zweiten Kommission geltend gemacht, dass es an einem Bedürfnis für die vorgeschlagene Bestimmung fehle; werde ein Nachbargrundstück durch den Einsturz eines Gebäudes beschä-

---

159   Protokolle III, S.160
160   Vgl. Süss, Verschuldensunabhängige Haftung, S. 70
161   Protokolle III, S.160; Jakobs/Schubert, Beratung BGB Sachenrecht I, S. 459
162   Protokolle III, S. 161

digt, so könne der Eigentümer des beschädigten Grundstücks nach § 735 E I Schadensersatzansprüche geltend machen.[163] Diese drohende Verpflichtung zum Schadensersatz werde den Besitzer eines baufälligen Gebäudes regelmäßig veranlassen, die erforderlichen Maßnahmen zur Verhinderung des Einsturzes zu treffen, des Weiteren könne dieser im Unterlassenfalle von der Polizei dazu angehalten werden.[164]

Die Kommissionsmehrheit befürwortete den Antrag, wenn auch in etwas modifizierter Form. Der Wortlaut der von der Kommission beschlossenen Vorschrift, welche später als § 908 BGB Gesetz geworden ist, lautet wie folgt:

§ 822 E II, § 908 BGB[165]

Droht einem Grundstücke die Gefahr, daß es durch den Einsturz eines Gebäudes oder eines anderen Werkes, das mit einem Nachbargrundstücke verbunden ist, oder durch die Ablösung von Theilen des Gebäudes oder Werkes beschädigt wird, so kann der Eigenthümer von demjenigen, welcher nach dem § 836 Abs. 1 oder den §§ 837, 838 (BGB) für den eingetretenen Schaden verantwortlich sein würde, verlangen, daß er die zur Abwendung der Gefahr erforderliche Vorkehrung trifft.

Die zweite Kommission erwog zur Begründung der beschlossenen Vorschrift, dass für diese durchaus ein Bedürfnis bestehe; es sei eine besondere privatrechtliche Bestimmung erforderlich, welche dem bedrohten Nachbarn einen dinglichen Anspruch auf Ergreifung der erforderlichen Maßnahmen zur Abwendung der Einsturzgefahr gewähre.[166] Es sei nicht angängig, dass der bedrohte Nachbar erst den Schaden zu dulden habe und anschließend diesen im Klagewege geltend machen müsse.[167]

Ein anderweitiger Anspruch des bedrohen Grundstücksnachbarn bestehe nicht; namentlich sei § 864 E I (Verbot schädlicher Anlagen, späterer § 907 BGB) auf Fälle der vorliegenden Art nicht anwendbar, was die diese Vorschrift ablehnende Seite verkannt habe.[168] Denn die Nachtheile, welche dem Grundstücksnachbarn durch Einsturz entstünden, seien nicht die Folgen des Bestehens oder der Benutzung einer konkreten Anlage, sondern die Folgen eines allgemeinen Naturgesetzes, nach welchem Gebäude, wie alle irdischen Dinge, mit der Zeit zu Grunde gingen.[169]

---

163 Protokolle III, S. 161
164 Protokolle III, S. 161
165 Zitat nach Jakobs/Schubert, Beratung BGB Sachenrecht I, § 908 S. 463
166 Protokolle III, S. 161
167 Protokolle III, S. 162
168 Protokolle III, S. 161
169 Protokolle III, S. 161

Es sei auch nicht hinreichend, den von Einsturz bedrohten Nachbarn lediglich auf polizeilichen Schutz zu verweisen, da die Polizei ihr Hauptaugenmerk nur auf bestimmte Gebäude richte, nämlich auf solche, welche an öffentlichen Straßen gelegen sind.[170]

Der zu gewährende privatrechtliche Abwehranspruch gegen Einsturzgefahren habe sich, so die Kommissionsmehrheit, gegen den Besitzer des Gebäudes oder gegen denjenigen zu richten, welcher für den Besitzer die Unterhaltung des Gebäudes übernommen hat.[171] Dagegen lehnte die Kommissionsmehrheit einen Abwehranspruch gegen den früheren Besitzer ab, da dieser mangels aktuellen Besitzes nicht in der Lage sei, Vorkehrungen zur Abwendung der Einsturzgefahr zu treffen.[172]

---

170 Protokolle III, S. 161
171 Protokolle III, S. 162
172 Protokolle III, S. 162

8.0 Gründe für die Nicht-Übernahme der cautio damni infecti in das BGB

Will man in Ansehung der dargestellten Entwicklungsprozesse ergründen, weshalb die *cdi* nicht in das BGB übernommen worden ist, so lassen sich meines Erachtens im wesentlichen drei Gruppen von Begründungsansätzen aufführen, welche teilweise ineinander greifen und aus deren Zusammenwirken sich die oben genannte Frage beantwortet.

8.1 Historische Gründe

Die *cdi* teilte als Institut der verschuldensunabhängigen Schadensersatzhaftung im wesentlichen das historische Schicksal der Quasi-Delikte, wenngleich die *cdi* klassischerweise nicht zu dieser Gruppe gerechnet wird.[1] Die Gruppe der Quasi-Delikte führte im Grunde seit dem justinianischen Corpus Iuris Civilis ein Schattendasein und ist im Verlaufe der Jahrhunderte zunehmend in Wegfall gekommen, wenngleich nicht völlig untergegangen. Dies führte dazu, dass die Quasi-Delikte und ebenso die *cdi* im Gegensatz zu anderen Teilen des rezipierten römischen Rechts nicht weiterentwickelt und so von Rechtslehre und Rechtspraxis zunehmend als unverstandener Fremdkörper betrachtet wurden.

Die Tatbestände der verschuldensunabhängigen Haftung fanden weder Aufnahme in die neuzeitlichen Kodifikationen,[2] noch wurden sie von der das 19. Jahrhundert prägenden pandektistischen Rechtswissenschaft aufgegriffen und dogmatisch weiterentwickelt. Letztere hatte sich vielmehr voll und ganz dem Schulddogma als dem das Schadensrecht beherrschenden Prinzip verschrieben, ganz in der Tradition der vorherigen Epochen, insbesondere seit dem Naturrecht. Die Pandektistik folgte damit der seit Jahrhunderten feststellbaren Tendenz in der Rechtwissenschaft, das Entwicklungspotential der *cdi* wie der Quasi-Delikte nicht zu erkennen und damit auch nicht auszuschöpfen.

Die im 19. Jahrhundert durchaus nicht in geringer Zahl entwickelten Tatbestände verschuldensunabhängiger Haftung gründen sich denn auch nicht auf Quasi-Delikte oder *cdi* sondern auf Spezialgesetzgebung[3] oder auf Weiterent-

---

1 Vgl. dazu 6.2.1.3 dieser Arbeit.
2 Vgl dazu im Einzelnen Süss, Verschuldensunabhängige Haftung, S. 24 f.
3 Vgl dazu 6.2.2.2 dieser Arbeit.

wicklungen der Rechtsprechung in einzelnen Bereichen, für welche ein in der Praxis unabweisbares Bedürfnis gesehen wurde.[4]

In der Beratung des BGB wurde die *cdi* in Folge dieser historischen Entwicklung konsequenter Weise als ein nicht mehr zeitgemäßes Rechtsinstitut angesehen, welches nicht in das neue, moderne BGB zu übernehmen sei.

8.2 Dogmatische Gründe

Die Gruppe der dogmatischen Gründe ist bereits bei der Darstellung der Gruppe der historischen Gründe angeklungen; es handelt sich um die Kontroverse zwischen Verschuldenshaftung und verschuldensunabhängiger Haftung im 19. Jahrhundert. Dominant insbesondere in der pandektistschen Rechtswissenschaft war spätestens seit Jhering das Verschuldensprinzip, welchem die *cdi* als Institut verschuldensunabhängiger Haftung dogmatisch diametral zuwiderlief. Allerdings war die verschuldensunabhängige Haftung in Folge der Anforderungen der modernen industriellen Entwicklung im 19. Jahrhundert, insbesondere in Rechtsprechung und Gesetzgebung, so präsent wie vielleicht seit den Tagen der Hochblüte des klassischen römischen Rechts nicht mehr.

Die Diskussion für und wider die eine oder andere Haftungsart durchzog auch die Beratungen zum BGB wie ein roter Faden, gerade auch im Bereich derjenigen späteren Gesetzesvorschriften, welche sich sachlich auf die *cdi* als Vorläufer bezogen. Dabei war keineswegs von vornherein ausgemacht, dass die beratenden Kommissionen stets dem dominanten Verschuldensprinzip folgen würden; gerade im sachlichen Anwendungsbereich der *cdi* hätte, worauf Benöhr zu Recht hingewiesen hat,[5] nicht viel gefehlt und das BGB hätte im Gegensatz zum Entwurf erster Lesung, welcher noch eine reine Verschuldenshaftung für Gebäudemängel vorsah,[6] eine unbedingte, verschuldensunabhängige Gebäudehaftung bekommen. Tatsächlich ist es am Ende mit § 836 BGB als der zentralen Vorschrift zum Gebäudemangelschadensrecht zu einem Kompromiß gekommen, welcher zwischen den zwei Polen – unbedingte, verschuldensunabhängige Haftung einerseits sowie Verschuldenshaftung andererseits – angesiedelt ist.[7]

---

4   Vgl dazu 6.2.2.1 dieser Arbeit.
5   Benöhr, Außervertragliche Haftung in FS Kaser 1976, S. 689 (712, 713); Schmidt-Salzer, Verschuldensprinzip in FS Steffen 1995, S. 429 (433, 434)
6   Vgl. dazu 7.1.2 dieser Arbeit.
7   Benöhr, aaO, S. 689 (712, 713); Schmidt-Salzer, aaO, S. 429 (433, 434)

8.3 Gründe der Rechtspraxis

Als letzte Gruppe von Begründungsansätzen zur Beantwortung der Frage, weshalb die *cdi* nicht in das BGB übernommen worden ist, sollte meines Erachtens nicht auf die Erwähnung der Gründe verzichtet werden, welche sich spezifisch aus der faktischen Existenz der vor Beratung und Erlass des BGB geübten Rechtspraxis ergeben, wenngleich zu konzedieren ist, dass sich diese Gründe ihrem reinen Inhalt nach zum größten Teil bereits in den beiden vorgenannten Gruppen wiederfinden dürften.

Es ist festzustellen, dass weder das gemeine Recht noch die modernen, dem BGB vorangegangenen Partikular- und sonstigen Gesetzgebungen, von Ausnahmen abgesehen, irgendeine Neigung haben erkennen lassen, die römisch-rechtliche *cdi* in ihrer tradierten Form dogmatisch weiterzuentwickeln bzw. als neu gültiges Zivilrecht zu kodifizieren. Weder war die gemeinrechtliche Rechtsprechung bereit, die *cdi* über ihren klassischen, tradierten Anwendungsbereich hinaus analog anzuwenden,[8] noch ist die *cdi* in ihrer tradierten Form in modernen Gesetzgebungswerken des 19. Jahrhunderts kodifiziert worden. In den Beratungen zum BGB ist immer wieder gerade dieser Aspekt der geringen faktischen Bedeutung der *cdi* in moderner gemeinrechtlicher Rechtsprechung und modernen Gesetzgebungen als eigenständiges Argument zur Abwehr einer Übernahme der tradierten *cdi* in das BGB genannt worden. Es dürfte seine Wirkung im Zusammenwirken mit den historischen und dogmatischen Begründungsansätzen nicht verfehlt haben, zumal der Auftrag an alle mit den Beratungen zum BGB befassten Stellen und Personen lautete, ein für die Praxis gut verwendbares, neues bürgerliches Recht reichseinheitlich für ganz Deutschland zu schaffen.[9]

---

8 Vgl. dazu 5.0 dieser Arbeit.
9 Schlosser, Grundzüge der Neueren Privatrechtsgeschichte, S. 158

9.0 Abschließende Würdigung und Ausblick

Nachdem die Gründe für die Nichtübernahme der *cdi* in das BGB eruiert und benannt worden sind, soll abschließend überprüft werden, ob sich diese Entscheidung der Gesetzesväter des BGB als rechtspolitisch vernünftig erwiesen hat oder ob sich ggf. eine Einführung der *cdi* in das BGB empfiehlt. Zu diesem Zweck ist im folgenden zu untersuchen, ob das Schutzniveau nach derzeitiger Rechtslage demjenigen unter Geltung der gemeinrechtlichen *cautio damni infecti* entspricht, dahinter zurück bleibt oder darüber hinaus geht. Im Rahmen dieser Betrachtung sind nicht nur die gesetzlichen Vorschriften des BGB zu berücksichtigen sondern auch und insbesondere die nicht kodifizierten Rechtsinstitute, welche die Rechtsprechung im Laufe der Zeit nach Erlass des BGB im vormaligen Anwendungsbereich der *cdi* entwickelt hat, nämlich Verkehrspflichten und Ausgleichsanspruch des Grundstückseigentümers wegen faktischen Duldungszwanges analog § 906 II 2 BGB.

9.1 Verkehrspflichten

Wie bereits in der Einleitung zu dieser Arbeit[1] dargestellt, ist die Rechtsentwicklung über den im BGB kodifizierten Stand der deliktischen Gebäudehaftpflicht, §§ 836 – 838 BGB, sehr schnell hinweggegangen. Die praktische Bedeutung dieser Vorschriften war von Anfang an sehr beschränkt und ist es bis in die Gegenwart geblieben.[2] Demgegenüber waren und sind die Verkehrspflichten von ungleich größerer praktischer Bedeutung. Im Entwicklungsprozess der Verkehrspflichten[3] war und ist § 836 BGB von nicht zu unterschätzender Bedeutung. Es war exakt diese Vorschrift, auf welche sich das Reichsgericht bei seiner erstmaligen Herleitung bzw. Anerkennung der Verkehrspflichten in den Jahren 1902[4] bzw. 1903[5] maßgeblich stützte. Im folgenden ist herauszuarbeiten, welche rechtlichen Aspekte der gemeinrechtlichen *cdi* dabei ggf. über § 836 BGB in die Rechtsprechung zu den Verkehrspflichten eingeflossen sind.

---

1 Siehe 1.0 dieser Arbeit.
2 Vgl. FN 21, 22, 23 in 1.0 dieser Arbeit.
3 Zur Terminologie vgl. 1.0 dieser Arbeit, FN 15
4 RGZ 52, 373 (377)
5 RGZ 54, 53 (58)

Zu diesem Zweck sollen die vorgenannten reichsgerichtlichen Leitentscheidungen nachfolgend dargestellt und analysiert werden.

9.1.1 Urteil des Reichsgerichts vom 30.10.1902: RGZ 52, 373

Dem reichsgerichtlichen Urteil lag folgender Sachverhalt zugrunde: Ein dem beklagten preußischen Domänenfiskus gehörender und in dessen Besitz stehender morscher Baum, der auf einem öffentlichen Wege stand, war auf ein an den Weg grenzendes Grundstück gefallen und hatte dabei ein auf diesem Grundstück befindliches Gebäude des Klägers beschädigt. Der Kläger verlangte Schadensersatz mit der Rechtsmeinung, dass der Beklagte für den Schaden nach dem Gesetz haftpflichtig sei.[6]

Das Berufungsgericht wies die Klage ab, weil es eine Anspruchsgrundlage für die Klageforderung weder im ALR[7] noch in § 823 Absätze 1 und 2 BGB hatte erkennen können.

Das Reichsgericht prüfte einen Schadensersatzanspruch aus § 823 I BGB und erörterte in diesem Zusammenhang die Frage, ob für den Eigentümer oder Besitzer eines Baumes die Verpflichtung begründet sei, die gebotene Sorgfalt anzuwenden, damit der Baum keinem anderen Schaden zufüge.[8] Für das römische und gemeine Recht, welches bis zum Inkrafttreten des BGB am 01.01.1900 galt, verneinte das Reichsgericht eine solche Pflicht mit der Begründung, dass es bezogen auf Grundstücke der Bestellung oder zumindest des Verlangens einer *cautio damni infecti* bedurft hätte, um einen Anspruch auf Ersatz des durch den fehlerhaften Zustand eines Grundstücks verursachten Schadens gewähren zu können, während die *actio legis Aquiliae* durch solche Beschädigungen nicht begründet worden sei.[9] Das BGB hingegen, so führte das Reichsgericht weiter aus, habe an diesem Standpunkt nicht festgehalten, was sich für Gebäude und auf Grundstücken errichtete Werke aus § 836 BGB ergebe.[10] Diese Vorschrift sei nicht in der Weise singulär, dass sie einer Anwendung des § 823 I BGB bei Beschädigung durch andere Sachen, insbesondere durch Bäume entgegenstehe, sofern sich nur die Fahrlässigkeit des Besitzers hinsichtlich der Beobachtung der im Verkehr er-

---

6 RGZ 52, 373 (374)
7 Geprüft wurde § 12 ALR II. 15, welcher lautet: *Wo durch Provinzialgesetze oder besondere Wegeordnungen die Verbindlichkeit zur Unterhaltung der Landstraßen näher oder anders bestimmt ist, hat es dabei, auch in Zukunft, lediglich sein Bewenden.* Zitat nach Fukuda, Verkehrssicherungspflichten, S. 57 FN 169
8 RGZ 52, 373 (376)
9 RGZ 52, 373 (377)
10 RGZ 52, 373 (377)

forderlichen Sorgfalt feststellen lasse.[11] Dem könne auch nicht die Vorschrift des § 907 II BGB entgegen gehalten werden, wonach Bäume und Sträucher nicht zu den schädlichen Anlagen im Sinne des § 907 I gerechnet werden; denn die Vorschrift des § 907 I BGB befasse sich schon im Ausgangspunkt nicht mit Schadensersatzansprüchen im Verhältnis von Grundstücksnachbarn sondern ausschließlich mit Abwehr- und Beseitigungsansprüchen gegen schädliche Anlagen.[12]

Auch aus § 735 E I lasse sich nicht entnehmen, dass der Besitzer einer anderen Sache, insbesondere eines Baumes, unter keinen Umständen für einen von dieser Sache angerichteten Schaden bei Vernachlässigung der im Verkehr erforderlichen Sorgfalt haften solle.[13]

Nach römischem Recht habe auch wegen eines gefährlichen Baumes der Grundstücksnachbar eine *cautio damni infecti* fordern und den auf sein Grundstück gefallenen Baum zurückbehalten können, bis der etwa entstandene Schaden erstattet oder seine Erstattung ggf. unter Verbürgung versprochen worden sei.[14] Nach dem BGB seien diese Rechte in Wegfall gekommen, so dass der Rechtszustand nach dem BGB in dieser Materie deutlich hinter dem vom römischen Recht aufgerichteten Schutzniveau an billiger Abwägung der in Betracht kommenden Interessen zurück bleiben würde, sofern man darauf beharren wollte, dass sich der Eigentümer oder Besitzer anderer als der in § 836 BGB genannter Sachen um von diesen ausgehende Gefahren nicht zu kümmern brauche.[15] Das, so folgerte das Reichsgericht, könne unmöglich der Sinn der neuesten Rechtsbildung sein, weshalb die Auffassung den Vorzug verdiene, dass § 836 BGB, abgesehen von der dort angeordneten Beweislastumkehr, keine singuläre Norm enthalte, sondern nur eine einzelne Ausprägung des Grundsatzes darstelle, dass jetzt ein jeder auch für Beschädigung durch seine Sachen insoweit aufkommen solle, als er die Beschädigung bei billiger Rücksichtnahme auf die Interessen des anderen hätte verhüten müssen.[16]

9.1.2 Urteil des Reichsgerichts vom 23.02.1903: RGZ 54, 53

Im Urteil vom 23.02.1903 hatte das Reichsgericht über die Schadensersatzpflicht einer Stadtgemeinde zu entscheiden. Der Kläger war seiner Behauptung nach auf

---

11 RGZ 52, 373 (377)
12 RGZ 52, 373 (377)
13 RGZ 52, 373 (377)
14 RGZ 52, 373 (378)
15 RGZ 52, 373 (378 f.)
16 RGZ 52, 373 (379)

einer dem öffentlichen Verkehr dienenden, steinernen Treppe infolge von Schneeglätte gestürzt und machte für den Unfall die beklagte Stadtgemeinde verantwortlich, da diese als Eigentümerin der Treppe für das Säubern und Bestreuen in schuldhafter Weise nicht gesorgt habe, weswegen es zu dem Sturz gekommen sei.[17]

Das Berufungsgericht hatte die Klage abgewiesen, da es eine entsprechende Rechtspflicht der Beklagten zur Säuberung und Bestreuung der Treppe nicht festzustellen vermochte. Das Reichsgericht hob das Berufungsurteil auf und verwies zurück.[18]

Zur Begründung nahm das Reichsgericht Bezug auf die für das Gebiet des gemeinen Rechts ergangene Rechtsprechung, wonach eine haftungsbegründende Verantwortlichkeit des Eigentümers für die verkehrssichere Beschaffenheit seiner von ihm dem öffentlichen Verkehr gewidmeten Sache und insofern auch eine privatrechtliche Haftbarkeit der juristischen Personen des öffentlichen Rechts wegen eines die Sicherheit gefährdenden Zustandes der öffentlichen Wege und Plätze angenommen worden sei.[19] Eine Änderung dieser Rechtsprechung sah das Reichsgericht durch die deliktsrechtlichen Normen des BGB als nicht erfolgt an, jedenfalls nicht in der Weise, dass der Rechtsschutz auf dem fraglichen Gebiet unter der Geltung des BGB enger als nach gemeinem Recht einzugrenzen wäre.[20] Vielmehr lasse sich, so das Reichsgericht, aus den Bestimmungen des BGB, welche den Besitzer eines Grundstücks für eine von diesem ausgehende Beschädigung haftbar machten – insbesondere § 836 BGB – der allgemeine Grundsatz entnehmen, dass entgegen dem prinzipiellen Standpunkt des römischen Rechts jetzt ein jeder auch für die Beschädigung durch seine Sachen insoweit aufkommen solle, als er dieselbe bei billiger Rücksichtnahme auf die Interessen des anderen hätte verhüten müssen.[21] Mit dieser Formulierung zitierte das Reichsgericht aus seiner Entscheidung vom 30.10.1902[22], in welchem es eben diesen Grundsatz entwickelt hatte.[23]

---

17 RGZ 54, 53 f.
18 RGZ 54, 53 (54)
19 RGZ 54, 53 (56 f.)
20 RGZ 54, 53 (58)
21 RGZ 54, 53 (58)
22 RGZ 52, 373, im einzelnen unter 9.1.1 dargestellt
23 RGZ 52, 373 (379)

9.1.3 Schlussfolgerungen

Legt man die zentrale Formulierung beider dargestellten Reichsgerichtsentscheidungen zur Festlegung des Inhalts der dort hergeleiteten Verkehrspflichten zugrunde, wonach ein jeder auch für die Beschädigung durch seine Sachen insoweit aufzukommen hat, als er diese bei billiger Rücksichtnahme auf die Interessen des anderen hätte verhüten können, so gründet sich diese Inhaltsbestimmung auf Prinzipien, welche der *cautio damni infecti* entnommen sein könnten.

Als erstes ist festzustellen, dass die vom Reichsgericht hergeleiteten Verkehrspflichten dem Interesse des Geschädigten auf Schadensausgleich dienen; die Verletzung einer Verkehrspflicht führt gem. § 823 I BGB dazu, dass Schadensersatz zu leisten ist. Ebenso verhält es sich bei der *cautio damni infecti*. Auch diese dient dem Schadensausgleichsinteresse des von einer Beschädigung bedrohten Grundstücksnachbarn, welcher zu seiner materiellen Absicherung das Schadensersatzversprechen wegen *damnum infectum* verlangen konnte. Unterschiede bestehen allerdings bei dem Verschulden. Die vom Deliktsrecht geprägten Verkehrspflichten erfordern gem. § 823 I BGB notwendigerweise Verschulden, während aus der versprochenen *cdi* verschuldensunabhängig gehaftet wird.

Unterschiede finden sich bei der Frage der Interessenabwägung. Während die Interessenabwägung notwendiges Tatbestandsmerkmal der Verkehrspflichten ist, findet eine Interessenabwägung bei der *cdi* gerade nicht statt. Die *cdi* ist auf Anforderung zu leisten, sobald der Grundstücksnachbar einen drohenden Schaden an seinem Grundstück subjektiv befürchtet. Vom Haftungsumfang sind *cdi* und Verkehrspflichten in etwa gleich, es wird jeweils auf das volle Schadensersatzinteresse gehaftet.[24]

Fragt man sich nun, ob die festgestellten Unterschiede zwischen Verkehrspflichten und *cdi* es rechtfertigen, die *cdi* zumindest ergänzend zu den Verkehrspflichten wieder als geltendes Recht einzuführen, so sollte die Antwort meines Erachtens im Ergebnis „Nein" lauten, und zwar aus folgenden Gründen:

Die Wiedereinführung der *cdi* in das geltende Recht würde keine nennenswerte Erweiterung bzw. Verschärfung der Schadensersatzhaftung bewirken, unabhängig von der Frage, ob solche Haftungsverschärfung sinnvoll ist oder nicht. Unterschiede zwischen der verschuldensunabhängigen Haftung aus geleisteter *cdi* und der Verschuldenshaftung aus Verkehrspflichten dürften in der Praxis marginal sein, da die Anforderungen an die verkehrserforderliche Sorgfalt in diesem

---

24 Vgl. Rainer, Römisches Bau- und Nachbarrecht, S. 126 m. w. Nachweisen

Bereich dem freien richterlichen Ermessen unterliegen, was aus dogmatischer Sicht durchaus nicht ohne Berechtigung als zu weitgehend kritisiert wird.[25]

Durch eine Wiedereinführung der *cdi* in das geltende Zivilrecht würde die weitere Entwicklung der Verkehrspflichten nicht unerheblichen dogmatischen Schwierigkeiten ausgesetzt und möglicherweise gefährdet. Namentlich käme es zumindest im Anwendungsbereich der *cdi* zu der misslichen Situation, dass zwei unterschiedliche, konkurrierende Haftungssysteme entstehen; zum einen die *cdi* mit Kautionsleistungspflicht ohne Güter- und Interessenabwägung, zum anderen die Verkehrspflichten mit Güter- und Interessenabwägung.[26] Gerade die Güter- und Interessenabwägung ist jedoch dasjenige Merkmal der Verkehrspflichten, welches ihre zentrale Funktion als äußerst flexible Gefahrsteuerungsgebote begründet. Ohne die Güter- und Interessenabwägung können die Verkehrspflichten die ihnen zugewiesene Aufgabe, erlaubte von unerlaubten Rechtsgefährdungen zu unterscheiden und damit Bestandsschutz und Freiheitsgewähr zum Ausgleich zu bringen, nicht mehr erfüllen.[27] Es ist nicht ersichtlich, dass die bloße Kautionsforderung wegen *damnum infectum* der differenzierteren Güter- und Interessenabwägung überlegen ist. Meines Erachtens dürfte eher das Gegenteil der Fall sein. Die Einführung der *cdi* würde dazu führen, dass vielfach auf bloßen Gefahrenverdacht ein Schadensersatzversprechen, ggf. durch Bürgschaft verstärkt, gegeben werden müsste, wo dies sachlich und objektiv nicht erforderlich ist.

Wie Kleindiek und Voss nachgewiesen haben, handelt es sich bei den Verkehrspflichten um eine dogmatisch folgerichtige Weiterentwicklung, beruhend auf einer gewachsenen Tradition, welche bis in das römische Recht zurück reicht.[28] Die *cdi* gehört dabei neben der *lex Aquilia* auch zu den römischrechtlichen Haftungsinstituten, welche inhaltlich das Ihrige zur Entstehung der Verkehrspflichten insbesondere über § 836 BGB beigetragen haben. Damit hat die *cdi* auf Umwegen, was ihren materiell-rechtlichen Kern anbetrifft, durchaus einen Weg in das BGB bzw. das geltende Zivilrecht gefunden, so dass sich ihr dogmatisches Erbe insbesondere in den Verkehrspflichten hinreichend niedergeschlagen hat. Damit sollte es m. E. sein Bewenden haben.

---

25 Vgl. Picker, JZ 1987, S. 1041, (1047); Canaris, Festschrift für Larenz 1983, S. 27 (81)
26 Zum hier nicht berücksichtigten Teilaspekt der *cautio de praeterito damno* s. nachfolgend 9.2 dieser Arbeit: Ausgleichsanspruch des Grundstückseigentümers wegen faktischen Duldungszwangs analog § 906 II 2 BGB.
27 Vgl. Kleindiek, Deliktshaftung, S. 30, 94; Voss, Verkehrspflichten, S. 233
28 Kleindiek, aaO, S. 112; Voss, aaO, S. 233

9.2 Ausgleichsanspruch des Grundstückseigentümers wegen faktischen Duldungszwanges analog § 906 II 2 BGB

Ein anderer wesentlicher Teil des dogmatischen Gehaltes der *cdi* ist indes bei Erlass des BGB zunächst verloren gegangen. Es handelt sich dabei um den rechtlichen Aspekt der *cautio de praeterito damno*, welche dem berechtigten Grundstücksnachbarn Schadensersatzansprüche wegen bereits eingetretener, durch Einsturz nachbarlicher Gebäude verursachter Schäden gewährte, wenn dem Berechtigten die rechtzeitige vorherige Postulation der *cautio damni infecti* wegen Abwesenheit *(quia rei publicae aberat)* oder Zeitnot *(propter angustias temporis)* nicht möglich gewesen ist.[29] Die Väter des BGB hatten von der Übernahme dieses rechtlichen Aspektes – Schadensersatzhaftung wegen *damnum praeteritum* – in das BGB abgesehen in der festen Überzeugung, dass die stattdessen gewährten Abwehransprüche gem. §§ 907 bis 909 BGB den Grundstückseigentümer wirksamer schützen würden als die römisch-rechtliche *cautio de praeterito damno*.[30]

Wie Süss zutreffend herausgearbeitet hat, ist diese Annahme jedoch nur bei rein theoretischer Betrachtung richtig.[31] Den Eintritt eines drohenden Schadens abzuwenden, erscheint für den bedrohten Grundstücksnachbarn prima facie in der Tat günstiger als die Alternative eines nachträglichen Schadensersatzanspruchs.[32] Der schwache Punkt dieser Betrachtungsweise liegt jedoch darin, dass die in der Rechtspraxis sehr wichtige Frage der Durchsetzbarkeit der Unterlassungsansprüche nicht erörtert wird. Aus diesem Grund haben sich die auf Johow zurückgehenden Überlegungen zur Favorisierung von Unterlassungsansprüchen gegenüber Schadensersatzansprüchen als in der Realität nicht zutreffend erwiesen.[33]

Das Vertiefungsverbot (§909 BGB) kann seinen Zweck nur dann erfüllen, wenn es sich vor Gericht durchsetzen lässt. Dazu ist Voraussetzung, dass der gefährdete Grundstückseigentümer die bevorstehende Beeinträchtigung rechtzeitig erkennen und sodann (vorbeugende) Unterlassungsklage erheben kann.[34] Der Erfolg einer vorbeugenden Unterlassungsklage gem. §§ 1004 I, 909 BGB ist im übrigen dadurch erschwert, dass den klagenden Grundstückseigentümer die Beweislast hinsichtlich des Bevorstehens einer unzulässigen Vertiefung auf dem

---

29 Vgl. dazu 2.6 dieser Arbeit
30 Vgl. dazu 7.2, 7.3 und 7.4 dieser Arbeit; Süss, Verschuldensunabhängige Haftung, S. 70
31 Süss, aaO, S. 70
32 Süss, aaO, S. 70
33 Süss, aaO, S. 70
34 Süss, aaO, S. 70

Nachbargrundstück trifft, was in der Praxis regelmäßig zu Schwierigkeiten führt.[35] Mit ähnlichen praktischen Schwierigkeiten ist die gerichtliche Durchsetzung eines vorbeugenden Unterlassungsanspruchs gegen drohende unzulässige Immissionen (§§ 1004 I, 907 BGB) verbunden.[36] Dass diese praktischen Durchsetzungsschwierigkeiten in der Tat bestehen, belegt der augenfällige Mangel an Rechtsprechung zur vorbeugenden Unterlassungsklage im privaten Nachbar- und Umweltrecht.[37]

Auch eine einstweilige Verfügung zur Sicherung des jeweiligen Unterlassungsanspruches führt oft nicht zum Ziel, da sich an der vorgegebenen Beweislast zu Lasten des Verfügungsklägers auch im einstweiligen Rechtsschutz nichts ändert, wenngleich der Verfügungskläger dadurch begünstigt ist, dass er die klagebegründenden Tatsachen lediglich glaubhaft machen und nicht voll beweisen muß.[38] Zudem ist das einstweilige Verfügungsverfahren für den obsiegenden Verfügungskläger mit dem Risiko der verschuldensunabhängigen Schadensersatzhaftung nach §§ 945 ZPO, 249 ff. BGB behaftet. Stellt sich später heraus, dass die gerügte Vertiefung oder Immission von vornherein zulässig und die dagegen angestrengte einstweilige Verfügung unberechtigt war, so drohen dem Kläger erhebliche Schadensersatzansprüche. Der Kläger hat den verklagten Nachbarn dann vermögensmäßig so zu stellen, wie dieser ohne die stattgebende einstweilige Verfügung stünde. Für den praktisch häufig vorkommenden Fall, dass mit der einstweiligen Verfügung ein nachbarliches Bauvorhaben für längere Zeit stillgelegt wird, drohen bei einem Unterliegen des Verfügungsklägers im Hauptsacheverfahren Kosten in unkalkulierbarer Höhe.[39]

Die Schadensersatzhaftung wegen nachbarlicher Einwirkungen auf das Grundstück des Berechtigten hat damit eine wesentlich größere Bedeutung als die Verfasser des BGB angenommen haben. Das Ziel der Verfasser des BGB, durch Gewährung vorbeugender Unterlassungsansprüche schon die Schadensentstehung und damit den Schadensersatzanspruch zu verhindern,[40] wurde in der Praxis nicht erreicht.[41] Dies belegen die Fälle, in denen die Rechtsprechung § 906 II 2 BGB analog anwendet. Die vom historischen Gesetzgeber des BGB nicht vorhergesehene praktische Bedeutung der Schadensersatzhaftung wird hier deutlich.[42]

---

35 Süss, aaO, S. 71 m. w. Nachw.
36 Süss, aaO, S. 71; Süss, aaO, S. 14 m. w. Nachw.
37 Werner, NuR 1992, S. 149 f.; Süss, aaO, S. 71
38 Stein/Jonas-Grunski, ZPO, vor § 935 ZPO, Anm. V RN 6; Süss, aaO, S. 71
39 Werner, NuR 1992, S. 149 f.; Süss, aaO, S. 71
40 Vgl. dazu 7.2 dieser Arbeit; Suss, aaO, S. 71
41 Süss aaO, S. 71
42 Süss, aaO, S. 72

Besteht effektiver Rechtsschutz gegen nachbarliche Einwirkungen in der Praxis im Wesentlichen in der Gewährung von Schadensersatzansprüchen nach dem Vorbild der *cautio de praeterito damno*, so sind die von den Verfassern des BGB mit den Unterlassungsansprüchen nach §§ 907, 909 BGB intendierten Verbesserungen des Rechtsschutzes des von Schaden bedrohten Grundstücksnachbarn gegenüber dem früheren Recht nicht nur nicht eingetreten; der bedrohte Grundstücksnachbar ist vielmehr im Gegenteil in der Praxis sogar deutlich schlechter gestellt als nach gemeinem Recht. Denn mit der *operis novi nuntiatio damni depellendi gratia*[43] konnte er dem Nachbarn gefährliche Tätigkeiten auf dessen Grundstück schnell und ohne Risiken verbieten, bis ihm *cautio damni infecti* geleistet wurde. Zwar verlor das Verbot durch Leistung der *cdi* seine Wirksamkeit, doch war dem bedrohten Grundstücksnachbar bei Schadenseintritt in Gestalt der *actio ex stipulatu* eine verschuldensunabhängige Schadensersatzklage sicher.[44] Diese Konstellation entspricht heute sachlich dem verschuldensunabhängigen Schadensersatzanspruch gem. § 906 II 2 BGB, welcher erst im Jahre 1959 durch Novellierung in das BGB eingefügt worden ist.[45]

Die *cdi* und die durch sie begründete Schadensersatzklage des gemeinen Rechts haben mit Inkrafttreten des BGB ihre Geltung verloren, ohne dass an ihre Stelle eine Regelung wegen faktisch zu duldender Einwirkungen getreten wäre.[46] Durch die Gewährung des ebenfalls verschuldensunabhängigen Ausgleichsanspruchs des Grundstückseigentümers wegen faktischen Duldungszwanges analog § 906 II 2 BGB, vom BGH erstmalig gewährt im Jahre 1982,[47] ist dieses Manko behoben worden. Wie Süss zutreffend herausgearbeitet hat, ist diese Gesetzesanalogie geboten und eine Korrektur des Gesetzes gerechtfertigt, da der BGB-Gesetzgeber sein Ziel, dem mit Schaden bedrohten Grundstückseigentümer mit vorbeugenden Unterlassungsansprüchen nach §§ 907 und 909 BGB einen effektiveren Rechtschutz als nach gemeinem Recht zur Seite zu stellen, evident verfehlt hat.[48] Dieser Ausgleichsanspruch ist stets zu gewähren, soweit nach römisch-gemeinem Recht eine Schadensersatzklage in Gestalt der *cautio de praeterito damno* zu gewähren war; dies sind die Fälle, in denen der Berechtigte durch ein *impedimentum*,[49] d. h. ein tatsächliches Hindernis, davon abgehalten worden ist, rechtzeitig die *cdi* zu postulieren.[50]

---

43 Vgl. dazu 3.2 dieser Arbeit.
44 Süss, aaO, S. 72
45 BGBl I 1959, S. 781
46 Süss, aaO, S. 72
47 BGHZ 85, 375
48 Jakobs, Festschrift für F. A. Mann 1977, S. 35 (42); Süss, aaO, S. 79
49 Vgl. zum *impedimentum* 2.6 dieser Arbeit.
50 Süss, aaO, S. 82

Der BGH gewährt den Ausgleichsanspruch analog § 906 II 2 BGB, wenn „triftige tatsächliche Gründe" den Grundstückeigentümer an einer Abwehrklage gehindert haben.[51] Zu diesen triftigen tatsächlichen Gründen zählt zum einen die Zeitnot, welche bereits nach gemeinem Recht als *impedimentum propter angustias temporis* anerkannt war; Zeitnot, die die Erhebung einer Abwehrklage oder die Beantragung einer einstweiligen Verfügung unmöglich macht, rechtfertigt die Gewährung eines Ausgleichsanspruchs wegen faktischen Duldungszwanges.[52]

Zu den triftigen tatsächlichen Gründen rechnet der BGH auch den Umstand, dass die Einwirkungen oder die von ihnen ausgehende Gefahr nicht erkennbar sind.[53] Da dem römischen Recht ein derartiges *impedimentum* nicht bekannt war, fragt sich, ob dieser Umstand zu Recht als triftiger Grund einen Ausgleichsanspruch analog § 906 II 2 BGB auslöst. Dies ist mit Süss im Ergebnis zu bejahen. Anders als nach römischem und gemeinem Recht hat der Grundstückseigentümer nach BGB keinen Anspruch, der ihn gegen eine nicht glaubhaft gemachte, drohende Gefahr schützt.[54] Die Rechtslage nach BGB stellt sich für den gefährdeten Grundstückseigentümer wesentlich ungünstiger dar als nach gemeinem Recht: Eine Abwehrklage nach § 1004 I BGB hat keinen Erfolg, wenn der Grundstückseigentümer die drohende Beeinträchtigung nicht beweisen kann.[55] Will der Eigentümer mit einer einstweiligen Verfügung gegen die drohende Beeinträchtigung vorgehen, so muß er deren Bevorstehen gem. §§ 936, 920 II ZPO glaubhaft machen.[56] Nach gemeinem Recht konnte der Eigentümer in diesem Fall die *operis novi nuntiatio damni depellendi gratia* erheben mit der Ziel, dass ihm *cautio damni infecti* bestellt werde; damit war für den Eigentümer kein prozessuales Risiko verbunden, da er lediglich sein Eigentum sowie die subjektive Befürchtung eines Schadenseintrittes glaubhaft machen bzw. beweisen musste, der Beweis bzw. die Glaubhaftmachung einer objektiv drohenden Beeinträchtigung war nach gemeinem Recht nicht erforderlich.[57]

Die Unvorhersehbarkeit der unzulässigen Einwirkungen oder der Gefahr, die von ihnen ausgeht, begründet mithin eine andere, wesentlich schlechtere prozessuale Situation des bedrohten Eigentümers nach BGB als nach gemeinem Recht; daher ist es gerechtfertigt, die Unvorhersehbarkeit der Einwirkungen, ihrer Gefährlichkeit bzw. ihrer Unzulässigkeit einem *impedimentum* nach gemeinem

---

51 BGHZ 85, 375 (385); Süss, aaO, S. 96

52 Süss, aaO, S. 97

53 BGHZ 90, 255 (263); BGHZ 111, 158 (163); Süss, aaO, S. 98

54 Gerstel, Interdictum quod vi aut clam, S. 39; Süss, aaO, S. 99

55 Süss, aaO, S. 99

56 Süss, aaO, S. 99

57 Süss, aaO, S. 98

Recht gleich zu achten und auch in diesem Fall den Ausgleichsanspruch analog § 906 II 2 BGB zu gewähren.[58]

Nicht als triftiger Grund zur Gewährung des Ausgleichsanspruchs analog § 906 II 2 BGB in Betracht kommt das nach gemeinem Recht noch anerkannte *impedimentum* der Ortsabwesenheit (*quia rei publicae aberat*). Selbst eine länger andauernde Ortsabwesenheit hindert bei den heutzutage verfügbaren modernen Telekommunikationsmitteln einen Grundstückseigentümer typischerweise nicht mehr, Abwehr- bzw. Schadensersatzansprüche wegen unzulässiger Beeinträchtigungen rechtzeitig geltend zu machen, so dass zusätzlicher Schutz nicht erforderlich ist. Maßgeblich für die Gewährung des Ausgleichsanspruchs analog § 906 II 2 BGB ist allein, ob der Beeinträchtigte durch äußere Umstände, wie Zeitnot, oder durch Unkenntnis von der Gefahr an der rechtzeitigen Erhebung der Abwehrklage gehindert ist.[59] Dies ist in den Fällen der Ortsabwesenheit typischerweise nicht mehr der Fall, da der Eigentümer für den Fall längerfristiger Ortsabwesenheit einen Stellvertreter vor Ort beauftragen kann, welcher ihn über moderne Telekommunikationsmittel stets auf dem laufenden Stand halten kann.

9.3 Schlußbemerkung

Nachdem festgestellt worden ist, dass und aus welchen Gründen die *cdi* vom historischen BGB-Gesetzgeber bewusst nicht in das BGB übernommen worden ist, kommt man jetzt zu dem erstaunlichen Ergebnis, dass die *cdi* heute in der praktischen Rechtsanwendung inhaltlich weitgehend wieder Teil des geltenden Zivilrechts ist. Es ist dabei das Verdienst der Rechtsprechung des Reichsgerichts wie des Bundesgerichtshofs, die bei Erlass des BGB zunächst ausgeschiedenen, wesentlichen Teilaspekte der *cdi* wieder in das geltende Zivilrecht eingefügt zu haben. Dem Reichsgericht ist dies, trotz aller dogmatischen Schwierigkeiten und Widerstände, in Form der Kreation der Verkehrspflichten gelungen, wobei an eine gewachsene, römisch-rechtliche Entwicklungslinie angeknüpft wurde.

Dem BGH gebührt das Verdienst, den ebenfalls aus der *cdi* stammenden Rechtsgedanken eines verschuldensunabhängigen Ausgleichsanspruchs wegen faktischen Duldungszwanges wiederbelebt zu haben, womit der wesentliche dogmatische Gehalt der *cdi* nach einigen Irrungen und Wirrungen doch noch seinen Platz im modernen Zivilrecht gefunden hat.

Eine Wiedereinführung der *cdi* römisch-gemeinrechtlicher Prägung ist damit in der Sache nicht erforderlich. Die Verkehrspflichten sowie der verschuldensu-

---

58 So auch Süss, aaO, S. 99
59 Süss, aaO, S. 101

nabhängige Ausgleichsanspruch wegen faktischen Duldungszwangs bieten m. E. für die Zukunft genügend Entwicklungspotenzial.

Das historische Beispiel der *cdi* lehrt, dass das unabweisbare praktische Bedürfnis nach einem zivilrechtlichen Rechtsinstitut die eigentlich treibende Kraft seiner Entstehung und Existenz ist. In diesem Zusammenhang schließe ich mit folgenden Thesen:

- Die *cdi* wurde vom Prätor im antiken Rom entwickelt zu einer Zeit, als es wegen der enormen Größe und Beengtheit der Stadt einer solchen Regelung unter Grundstücksnachbarn unabweisbar bedurfte.
- Nach dem Untergang des römischen Imperiums gab es lange Zeit, bis zur industriellen Moderne, kein erkennbares praktisches Bedürfnis für die *cdi;* sie überlebte in Form rezpierten römischen Rechts, ohne in der Sache wirklich verstanden worden zu sein.
- Die *cdi* wurde wiederbelebt einerseits in Form der bereits unter der Ägide des gemeinen Rechts vor Erlass des BGB von der Rechtsprechung entwickelten Verkehrspflichten. Die Verkehrspflichten entspringen einem unabweisbaren praktischen Bedürfnis der industriellen Moderne.
- Die weiter wachsenden Anforderungen der modernen Lebenswirklichkeit des 20. Jahrhunderts bedingten schließlich die Wiedererstehung des bei Erlass des BGB zunächst nicht berücksichtigten Teils der *cdi*, des Ausgleichsanspruchs wegen faktischen Duldungszwangs.

Literaturverzeichnis

Alföldy, Géza	Römische Sozialgeschichte, 3. Aufl., Wiesbaden, 1984
Arndts von Arnesberg, Karl Ludwig	Lehrbuch der Pandekten, 10. Aufl., Stuttgart, 1879 (zit.: Pandekten)
Bähr, Otto	Gegenentwurf zu dem Entwurfe eines bürgerlichen Gesetzbuches für das Deutsche Reich, Zweites Buch: Recht der Schuldverhältnisse, Kassel, 1891 (zit.: Gegenentwurf BGB)
Bar, Christian von	Gemeineuropäisches Deliktsrecht, Erster Band: Die Kernbereiche des Deliktsrechts, seine Angleichung in Europa und seine Einbettung in die Gesamtrechtsordnungen, München, 1996
Bar, Christian von	Verkehrspflichten, Richterliche Gefahrsteuerungsgebote im deutschen Deliktsrecht, Habilitationsschrift, Köln, 1980
Baron, Julius	Pandekten, 7. Auflage, Leipzig, 1890
Bekker, Ernst Immanuel	Die Aktionen des römischen Privatrechts, Band 2: Prätorisches, richterliches, kaiserliches Recht, Berlin, 1873, Neudruck Aalen, 1970 (zit.: Aktionen II)
Benöhr, Hans-Peter	Zur außervertraglichen Haftung im gemeinen Recht, in: Festschrift für Max Kaser zum 70. Geburtstag, München, 1976, S. 689 bis 713 (zit.: Außervertragliche Haftung in FS Kaser 1976)

Bethmann-Hollweg, Moritz August von	Der Civilprozeß des gemeinen Rechts in geschichtlicher Entwicklung, Erster Band: Der römische Civilprozeß, 1. Legis Actiones, Bonn, 1864
Bonfante, Pietro	Corso di diritto Romano, Band 2,1: La proprieta, 1926, Nachdruck Mailand, 1966 (zit.: Bonfante)
Branca, Giuseppe	Danno temuto e danno da cose inanimate nel Diritto Romano, Padua, 1937 (zit.: Branca)
Braun, Karl	Über die Haftbarkeit bei Unfällen, Bücherschau, in: Volkswirtschaftliche Vierteljahresschrift, Bd. 25 (1869), S. 229 ff.
Brecht, Christoph Heinrich	Zur Haftung der Schiffer im antiken Recht, zugl. Diss. 1941, München, 1962
Brinz, Alois	Lehrbuch der Pandekten; Band 1, 2. Aufl., Erlangen, 1873
Bruckner, Franz Xaver	Die Custodia, München, 1889
Brüggemeier, Gert	Deliktsrecht, ein Hand- und Lehrbuch, Baden-Baden, 1986
Bruna, Franciscus J.	Lex Rubria: Caesars Regelung für die richterlichen Kompetenzen der Munizipalmagistrate in Gallia Cisalpina / Text, Übersetzung und Kommentar mit Einleitung, historischen Anhängen und Indizes von F. J. Bruna, Dissertation, Leiden, 1971–72
Bruns, Karl Georg/ Mommsen, Theodor	Fontes iuris Romani antiqui: Post curas Th. Mommsen. ed. 5. et 6. adhibitas / ed. Karl Georg Bruns . – 7. ed. / Otto Gradenwitz ; 2. Neudruck der Ausgabe Tübingen 1909, Aalen, 1969, Getr. Zählung, Enth.: Pars 1: Leges et negotia. Pars 2: Scriptores (zit.: FIRA)

Burchardi, Rudolf Johann	Über die Verantwortlichkeit des Schuldners für seine Gehülfen bei der Erfüllung von Obligationen, Kiel, 1861 (zit.: Verantwortlichkeit)
Burckhard, Hugo	Die cautio damni infecti, Erlangen, 1875
Burckhard, Hugo	Die operis novi nuntiatio, in: Glück, Pandektenkommentar, Band 39/40, 1. Teil, Erlagen, 1871 (zit.: Pandekten I)
Burckhard, Hugo	Die cautio damni infecti, in: Glück, Pandektenkommentar, Band 39/40, 2. Teil, Erlangen, 1875 (zit.: Pandekten II)
Canaris, Claus-Wilhelm	Schutzgesetze-Verkehrspflichten-Schutzpflichten, in: Festschrift für Karl Larenz zum 80. Geburtstag, München, 1983, S. 27 ff.
Carcopino, Jérôme	Rom – Leben und Kultur in der Kaiserzeit, 3. Aufl., Stuttgart, 1986 (zit.: Carcopino, Rom)
Cicero, Marcus Tullius	Topica: die Kunst, richtig zu argumentieren; lateinisch und deutsch, übersetzt und erläutert von Karl Bayer, München, 1993
Cicero, Marcus Tullius	M. Tullii Ciceronis Orationes, recogn. brevique adnotatione critica instruxit Albertus Curtis Clark, Band 3: Divinatio in Q. Caecilium – Actionis in C. Verrem, secundae, Liber I, Oxonii (Oxford), 1907
Cicero, Marcus Tullius	Sämtliche Reden: Ausgabe in sieben Bänden, eingeleitet, übersetzt und erläutert von Manfred Fuhrmann, Band III: Gegen Caecilius, Erste und zweite Rede gegen Verres, 2. Auflage, Zürich, 1983
Cicero, Marcus Tullius	Topik: lat. – dt. Übersetzung mit einer Einleitung, herausgegeben von Hans Günter Zekl, Hamburg, 1983

Corpus Iuris Civilis | Text und Übersetzung; auf der Grundlage der von Theodor Mommsen und Paul Krüger besorgten Textausgaben; hrsg. von Okko Behrends, Rolf Knütel, Berthold Kupisch, Hans Hermann Seiler; Band II Digesten 1 – 10, Heidelberg, 1995 (zit: CIC Text und Übersetzung II)

De Martino, Francesco | Wirtschaftsgeschichte des alten Rom, München, 1985
Übersetzt aus dem Italienischen, Einheitssachtitel: Storia economica di Roma antica

Dernburg, Heinrich | Pandekten, Band I: Allgemeiner Teil und Sachenrecht, 7. Auflage, Berlin, 1902;
Band II: Obligationenrecht, 7. Auflage, Berlin, 1903

Deutsch, Erwin/ Ahrens, Hans-Jürgen | Deliktsrecht: Unerlaubte Handlungen, Schadensersatz und Schmerzensgeld, 4. Auflage, Köln, 2002

Ehrenzweig, Albert | Die Schuldfrage im Schadensersatzrecht, Wien, 1936

Emmerich, Volker | BGB – Schuldrecht, Besonderer Teil, 10. Auflage, Heidelberg, 2003

Endemann, Wilhelm | Das Deutsche Handelsrecht, Heidelberg, 1865

Engelmann, Artur | Das preußische Privatrecht und das Privatrecht des Deutschen Reiches in Anknüpfung an das gemeine Recht, 6. Aufl., Breslau, 1896 (zit. Privatrecht)

Entwurf | eines bürgerlichen Gesetzbuches für das Deutsche Reich, Erste Lesung, ausgearbeitet durch die von dem Bundesrathe berufene Kommission, Amtliche Ausgabe, Berlin, 1888

Esser, Josef | Die Zweispurigkeit unseres Haftpflichtrechts, in: JZ 1953, S. 129 – 134

Esser, Josef	Grundlagen und Entwicklung der Gefährdungshaftung: Beiträge zur Reform des Haftpflichtrechts und seiner Wiedereinordnung in die Gedanken des allgemeinen Privatrechts, 2. Aufl., München 1969
Fischer, Otto	Lehrbuch des preußischen Privatrechts, Berlin, 1887 (zit.: Privatrecht)
Fraenkel, Michael	Tatbestand und Zurechnung bei § 823 Abs. 1 BGB, Dissertation, Berlin, 1979
Friedländer, Ludwig/ Wissowa, Georg	Darstellungen aus der Sittengeschichte Roms, 1. Band, 9. Auflage, Leipzig, 1919
Fuchs, Maximilian	Deliktsrecht, 5. Auflage, Berlin, 2004
Fuhrmann, Manfred (Hrsg.)	Cicero, Marcus Tullius: Sämtliche Reden: Ausgabe in sieben Bänden, eingeleitet, übersetzt und erläutert von Manfred Fuhrmann, Band III: Gegen Caecilius, Erste und zweite Rede gegen Verres, 2. Auflage, Zürich, 1983
Fukuda, Kiyoaki	Entstehung und Entwicklung der Verkehrssicherungspflichten für Grundstücke in ihren einzelnen Elementen, Dissertation, Marburg, 1991 (zit.: Verkehrssicherungspflichten)
Geigel, Reinhart/ Schlegelmilch, Günter	Der Haftpflichtprozeß: mit Einschluß des materiellen Haftpflichtrechts, 24. Auflage, München, 2004
Gerstel, Alfred	Inwiefern ist das interdictum quod vi aut clam im Rechte des Bürgerlichen Gesetzbuches und der Civilprozessordnung durch entsprechende Rechtsbegriffe ersetzt?, Diss., Göttingen, 1901 (zit.: Interdictum quod vi aut clam)
Gesterding, Friedrich Christian	Ausbeute von Nachforschungen über verschiedene Rechtsmaterien, Th. 1 – 3, Greifswald, 1826 – 1838 (zit.: Nachforschungen)

Göschen, Johann Friedrich Ludwig	Vorlesungen über das gemeine Civilrecht, erschienen in 3 Bänden, Band 2, Nachdruck der Ausgabe Göttingen 1839 im Rahmen der Reihe „100 Jahre Bürgerliches Gesetzbuch", Goldbach, 1998 (zit. Civilrecht II)
Goldschmidt, Levin	Über die Verantwortlichkeit des Schuldners für seine Gehülfen, in: ZHR Band 16 (1871), S. 287 ff.
Goldschmidt, Levin	Das receptum nautarum, cauponum, stabulariorum, eine geschichtliche Abhandlung, in: ZHR Band 3 (1860), S. 58 ff.
Goudsmit, Joel Emanuel	Studemund's Vergleichung der Veroneser Handschrift: kritische Bemerkungen zu Gaius, Frankfurt am Main, 1970 (zit.: Veroneser Handschrift)
Guarino, Antonio	Diritto privato romano, 12. Auflage, Neapel, 2001
Haidlen, Oskar	Bürgerliches Gesetzbuch nebst Einführungsgesetz mit den Motiven und sonstigen gesetzgeberischen Vorarbeiten, Erster Band, Berlin, 1897
Haimberger, Anton	Reines römisches Privatrecht: nach den Quellen und den vorzüglichsten Rechtsgelehrten, Reprint der Ausgabe Wien 1835 (zit.: röm. Privatrecht)
Hasse, Johann Christian	Die Culpa des Römischen Rechts, Kiel, 1815
Hausmaninger, Herbert	Das Schadensersatzrecht der lex Aquilia, 5. Auflage, Wien, 1996
Herrmann, Elke:	Der Störer nach § 1004 BGB, Habilitationsschrift, Berlin, 1987
Hesse, Christian August	Die Cautio damni infecti nach römischen Prinzipien und ihrer heutigen Anwendung und Anwendbarkeit, 2. Auflage, Leipzig, 1838

Hesse, Christian August	Die Rechtsverhältnisse zwischen Grundstücksnachbarn, 2. Auflage, Jena, 1880 (zit.: Rechtsverhältnisse)
Hildebrandt, Horst	Die deutschen Verfassungen des 19. und 20. Jahrhunderts, 11. Auflage, Paderborn, 1979
Hochstein, Reiner	Obligationes quasi ex delicto, Untersuchung zur dogmengeschichtlichen Entwicklung verschuldensunabhängiger Deliktshaftung unter besonderer Berücksichtigung des 16. bis 18. Jahrhunderts, Stuttgart, 1971 (zit.: Obligationes)
Hölder, Eduard	Institutionen des römischen Rechts, 2. Auflage, Freiburg, 1883
Hofacker, Wilhelm	Die Verkehrssicherungspflicht, Stuttgart, 1929
Holzschuher, Rudolph Freiherr von	Theorie und Casuistik des gemeinen Civilrechts, Bände 2 u. 3, 3. Auflage, Leipzig, 1864 (Civilrecht II bzw. III)
Honsell, Heinrich	Römisches Recht,, 5. Auflage, Berlin, 2002
Hübner, Heinz	Jurisdiktionsgewalt und „demokratische" Bindung des römischen Prätors, in: Gedächtnisschrift Hans Peters, Berlin, 1967, S. 97 ff.
Jakobs, Horst Heinrich	Nichterfüllung und Rücktritt, in: Internationales Recht und Wirtschaftsordnung, Festschrift für F. A Mann zum 70. Geburtstag am 11.08.1977, herausgegeben von Werner Flume u. a., München, 1977, S. 35 ff.
Jakobs, Horst Heinrich/ Schubert, Werner	Die Beratung des Bürgerlichen Gesetzbuchs in systematischer Zusammenstellung der unveröffentlichten Quellen, Recht der Schuldverhältnisse III, §§ 652 bis 853, Berlin, 1983, (zit.: Beratung BGB Schuldrecht III)

Jakobs, Horst Heinrich/ Schubert, Werner	Die Beratung des Bürgerlichen Gesetzbuchs in systematischer Zusammenstellung der unveröffentlichten Quellen, Sachenrecht I, §§ 854 bis 1017, Berlin, 1985, (zit.: Beratung BGB Sachenrecht I)
Jentsch, Hans	Die Entwicklung von den Einzeltatbeständen des Deliktsrechts zur Generalnorm und die Berechtigung einer solchen: Dogmengeschichtliche und rechtspolitische Bewertung, Dissertation, Leipzig, 1939 (zit.: Entwicklung)
Jhering, Rudolph von	Das Schuldmoment im Römischen Privatrecht, Vermischte Schriften juristischen Inhalts, Leipzig, 1879 (zit.: Schuldmoment)
Jhering, Rudolph von	Der Geist des Römischen Rechts auf den verschiedenen Stufen seiner Entwicklung, Th. 1 – 3, Leipzig, 1873–78 (zit.: Geist)
Kant, Immanuel	Die Metaphysik der Sitten, Königsberg, 1798, Suhrkamp Werkausgabe VIII, herausgegeben v. Wilhelm Weischedel, Franfurt am Main, Suhrkamp, 1977
Karlowa, Otto	Der römische Civilprozeß zur Zeit der Legisactionen, Berlin, 1872
Karlowa, Otto	Römische Rechtsgeschichte, Band II: Privatrecht und Civilprozeß, Strafrecht und Strafprozeß, Teil 1: Privatrecht, Leipzig, 1901 (zit. Röm. Rechtsgeschichte II/1)
Kaser, Max	Das Römische Privatrecht, Erster Abschnitt: Das altrömische, das vorklassische und klassische Recht, 2. Auflage, München, 1971 (zit.: RP I)
Kaser, Max/Hackl, Karl	Das Römische Zivilprozessrecht, 2. Auflage, München, 1996 (zit.: Röm. Zivilprozess)

Kaufmann, Johann	Von Obligationen ex delictis et variis causarum figures, Wien, 1822 (zit.: Obligationen)
Kaulfers, Werner	Zur Lehre von der Haftung für Werkeinsturz nach §§ 836 – 838 des BGB, Dissertation, Leipzig, 1907 (zit.: Haftung für Werkeinsturz)
Keller, Friedrich Ludwig von	Der römische Zivilprozeß und die Aktionen in summarischer Darstellung, 6. Auflage, Leipzig, 1883, Neudruck Aalen, 1966
Keller, Friedrich Ludwig von	Pandekten, erschienen in 2 Bänden, Band 2, 2. Auflage, Leipzig, 1867 (zit.: Pandekten II)
Kleindiek, Detlef	Deliktshaftung und juristische Person, Habilitationsschrift, Tübingen, 1997 (zit.: Deliktshaftung)
Knütel, Rolf	Stipulatio und pacta, in: Festschrift für Max Kaser zum 70. Geburtstag, München, 1976, S. 201 – 228 (zit.: FS Kaser 1976)
Knütel, Rolf	Dolus tutoris pupillo non nocet, in: Iuris Professio, Festgabe für Max Kaser zum 80. Geburtstag, Wien, 1986, S. 101 – 126 (zit.: FS Kaser 1986)
Kötz, Hein	Deliktsrecht, 9. Auflage, Neuwied, 2001
Kuhlenbeck, Ludwig	Von den Pandekten zum Bürgerlichen Gesetzbuch, erschienen in 3 Theilen (Bänden), 2. Theil, Berlin, 1899 (zit.: Pandekten – BGB II)
Larenz, Karl/ Canaris, Claus-Wilhelm	Lehrbuch des Schuldrechts, 2. Bd. Besonderer Teil, 2. Halbband, 13. Auflage, München, 1994 (zit.: Schuldrecht BT II 2)
Lenel, Otto	Edictum Perpetuum, 3. Auflage, Leipzig, 1927, Nachdruck Aalen 1956

Leeuwen, Simon van	Censura forensis theoretico-practica, pars (Teil) I, Lugduni Batavorum (Leiden), 1678
Löhr, Egid Valentin von	Theorie der Culpa, Bände 1 und 2, Gießen, 1806 – 1808
Lübtow, Ulrich von	Untersuchungen zur lex Aquilia de damno iniuria dato, Berlin, 1971
Mackeldey, Ferdinand	Lehrbuch des heutigen römischen Rechts, erschienen in 2 Bänden, Band 2, 7. Auflage, Gießen, 1827 (zit.: Römisches Recht II)
Manthe, Ulrich	Gaius Institutiones: Die Institutionen des Gaius, herausgeg., übersetzt und kommentiert von Ulrich Manthe, Darmstadt, 2004
Medicus, Dieter	Schuldrecht: ein Studienbuch, Besonderer Teil, 12. Auflage, München, 2004
Motive	zu dem Entwurfe eines Bürgerlichen Gesetzbuches für das Deutsche Reich, Berlin, 1888; Bd. II. Recht der Schuldverhältnisse (zit.: Motive II); Bd. III. Sachenrecht (zit.: Motive III)
Mugdan, Benno	Die gesammten Materialien zum Bürgerlichen Gesetzbuch für das Deutsche Reich, Berlin, 1899; II. Band: Recht der Schuldverhältnisse (zit.: Mugdan II); III. Band: Sachenrecht (zit.: Mugdan III)
Mühlenbruch, Christian Friedrich	Lehrbuch des Pandecten – Rechts Bd. 2, 4. Aufl., 1844 (zit. Pandektenrecht II)
Müller, Christian Friedrich	Über die de recepto actio in ihrer Anwendbarkeit auf die heutigen Postanstalten, Leipzig, 1835 (zit.: de recepto actio)

Münchener Kommentar	zum Bürgerlichen Gesetzbuch, Band 5: Schuldrecht, Besonderer Teil III (§§ 705 – 853); Partnerschaftsgesellschaftsgesetz, Produkthaftungsgesetz, 4. Auflage, 2004 (zit.: MünchKomm-Bearbeiter)
Nörr, Dieter	Cicero, Topica 4.22: Zur Anwendung der cautio damni infecti bei einer Kommunmauer und zum rhetorisch philosophischen Topos „apo tou aitiou", in: Symposion 1977, Vorträge zur griechischen und hellenistischen Rechtsgeschichte, Chantilly, 1. – 4. Juni 1977, S. 269 bis 305 (zit.: Symposion 1977)
Ogorek, Regina	Untersuchungen zur Entwicklung der Gefährdungshaftung im 19. Jahrhundert, Dissertation, Köln, 1975 (zit.: Gefährdungshaftung)
Otto, Carl/ Schilling, Bruno/ Sintenis, Carl Friedrich. Ferdinand	Das Corpus Juris Civilis ins Deutsche übersetzt, Band 4, Leipzig, 1832 (zit.: CIC)
Pernice, Alfred	Labeo: Römisches Privatrecht im ersten Jahrhundert der Kaiserzeit, erschienenen: Teile A – E, Neudruck der 1. – 2. Aufl. Halle 1873 – 1892, Aalen, 1963 (zit. Labeo)
Pernice, Alfred	Zur Lehre von den Sachbeschädigungen nach römischem Rechte, Weimar, 1867
Picker, Eduard	Vertragliche und deliktische Schadenshaftung, in: JZ 1987, S. 1041 ff.
Protokolle	der Kommission für die zweite Lesung des Entwurfs des Bürgerlichen Gesetzbuchs, Berlin, 1898 – 1899; Band II: Recht der Schuldverhältnisse, Abschn. II, Tit. 2–20, Abschn. III, IV, (zit.: Protokolle II); Band III: Sachenrecht (zit.: Protokolle III)

Puchta, Georg Friedrich	Cursus der Institutionen, Th. 3, 3. Auflage, nach dem Tod des Verfassers besorgt von A. Rudorff, Leipzig, 1854 (zit.: Institutionen)
Puchta, Georg Friedrich	Das Gewohnheitsrecht, Th. 1 u. 2, Erlangen, 1828
Puchta, Georg Friedrich	Vorlesungen über das heutige römische Recht, Th. 1 u. 2, 4. Auflage, Leipzig, 1854/1855 (zit.: Vorlesungen)
Rainer, Johannes Michael	Bau- und nachbarrechtliche Bestimmungen im klassischen römischen Recht, Graz, 1987 (zit.: Römisches Bau- und Nachbarrecht)
Rainer, Johannes Michael/ Filip-Fröschl, Johanna	Texte zum römischen Recht: Fallbeispiele für das Studium; Schwerpunkt Schuld- und Sachenrecht, Wien, 1998
Randa, Anton Ritter von	Das Eigenthumsrecht mit besonderer Rücksicht auf die Werthpapiere des Handelsrechts nach österreichischem Rechte mit Berücksichtigung des gemeinen Rechts und der neueren Gesetzbücher; erste Hälfte, 2. Auflage, Leipzig, 1893
Randa, Anton Ritter von	Die Schadensersatzpflicht nach österreichischem Rechte: insbesondere aus Eisenbahn- und Automobilunfällen mit Bedachtnahme auf ausländische Gesetzgebungen, 3. Aufl., Wien, 1913 (zit.: Schadensersatzpflicht)
Reichsgerichtsräte-Kommentar (RGRK)	Das Bürgerliche Gesetzbuch: mit besonderer Berücksichtigung der Rechtsprechung des Reichsgerichts und des Bundesgerichtshofes, Kommentar, herausgegeben von den Mitgliedern des Bundesgerichtshofes, Band 2 Teil 6 §§ 832 – 853, 12. Auflage, Berlin, 1989 (zit.: RGRK – Bearbeiter)

Reichsjustizamt	Zusammenstellung der gutachterlichen Äußerungen zu dem Entwurf eines Bürgerlichen Gesetzbuchs, gefertigt im Reichsjustizamt, Band II: Äußerungen zum Recht der Schuldverhältnisse, Berlin, 1890 (zit.: Reichsjustizamt, Gutachterliche Äußerungen II)
Rein, Wilhelm	Das Privatrecht und der Zivilprozeß der Römer, 2. Ausgabe, Leipzig, 1858, Nachdruck Aalen, 1964
Reinach, Julien (Hrsg.)	Institutes / Gaius. Texte établi et trad. par Julien Reinach, 2. Auflage, Paris, 1965
Rodger, Alan	Owners and Neighbours in Roman Law, Oxford, 1972
Rogge, Ingo	Selbständige Verkehrspflichten bei Tätigkeiten im Interesse Dritter, Köln, 1997 (zit.: Verkehrspflichten)
Rümelin, Gustav	Culpahaftung und Causalhaftung, in AcP 88 (1898), S. 285 ff.
Savigny, Friedrich Carl von	Das Obligationenrecht als Teil des heutigen Römischen Rechts, Bände 1 und 2, Berlin, 1851 – 1853 (zit.: Obligationenrecht)
Savigny, Friedrich Carl von	System des heutigen Römischen Rechts, Band 1 – 8, Berlin, 1840 – 1849 (zit.: System)
Savigny, Friedrich Carl von	Vom Beruf unsrer Zeit für Gesetzgebung und Rechtswissenschaft, Heidelberg, 1814 (zit.: Beruf)
Schaeffer, Adolf:	Die Haftung für den durch Gebäudeeinsturz entstehenden Schaden (§§ 836 bis 838 des Bürgerlichen Gesetzbuches), Dissertation, Halberstadt, 1920 (zit.: Haftung für Gebäudeeinsturz)
Schlosser, Hans	Grundzüge der Neueren Privatrechtsgeschichte, 8. Auflage, Heidelberg, 1996

Schmidt-Salzer, Joachim — Verschuldensprinzip, Verursachungsprinzip und Beweislastumkehr im Wandel der Zeitströmungen, in: Festschrift für Erich Steffen zum 65. Geburtstag am 28. Mai 1995, Berlin, 1995, S. 429 bis 450 (zit.: Verschuldensprinzip in FS Steffen 1995)

Schoemann, Franz — Die Lehre vom Schadensersatze, erschienen in 2 Theilen (Bänden), Theil 2: Dolus, Mora, Pactum, Edictum, Id quod interest, Casus, Gießen und Wetzlar, 1806 (zit. Schadensersatz II)

Scholtz, Leopold — Über die Haftung für den Einsturz von Gebäuden und anderen Werken, Dissertation, Berlin, 1907 (zit.: Scholtz, Haftung für Gebäudeeinsturz)

Schubert, Werner — Die Vorlagen der Redaktoren für die erste Kommission zur Ausarbeitung des Entwurfs eines Bürgerlichen Gesetzbuches, Recht der Schuldverhältnisse, Teil 3, Besonderer Teil II, Berlin, 1980 (zit.: Recht der Schuldverhältnisse Teil 3 BT II)

Schubert, Werner — Die Vorlagen der Redaktoren für die erste Kommission zur Ausarbeitung des Entwurfs eines Bürgerlichen Gesetzbuches, Sachenrecht Teil 1, Allgemeine Bestimmungen, Besitz und Eigentum, Berlin, 1982 (zit.: TE Sachenrecht I)

Seuffert, Johann Adam — Praktisches Pandektenrecht, Bände 1/2, 4. Auflage, Würzburg, 1860 – 1867

Sintenis, Carl Friedrich Ferdinand — Das practische gemeine Civilrecht, Band 2, 3. Auflage, Leipzig, 1868 (zit.: Civilrecht II)

Soergel, Hans Theodor — Bürgerliches Gesetzbuch: mit Einführungsgesetz und Nebengesetzen; Kommentar; Band 5/2: Schuldrecht IV/2 (§§ 823 – 853), Stuttgart, Stand: 1998

Süss, Philipp	Die verschuldensunabhängige Haftung analog § 906 Absatz 2 Satz 2 BGB, Dissertation, Frankfurt am Main, 1998 (zit.: Verschuldensunabhängige Haftung)
Staudinger, Julius von	J. vom Staudingers Kommentar zum Bürgerlichen Gesetzbuch mit Einführungsgesetz und Nebengesetzen, Zweites Buch: Recht der Schuldverhältnisse, §§ 830 – 838, 13. Auflage, Berlin, 1997
Stein, Friedrich/ Jonas, M.	Kommentar zur Zivilprozessordnung, Bd. 4, Teilband 2: §§ 883 – 1048 e, 20 Aufl., Tübingen, 1988 (zit.: Stein/Jonas-Bearbeiter)
Ubbelohde, August	Über die Haftung des Geschäftsherrn aus der Verschuldung der in seinem Geschäfte angestellten Personen bei der Erfüllung übernommener Verbindlichkeiten, in: Archiv für practische Rechtswissenschaft, Band 7 (1860), S. 229 ff.
Unger, Joseph	Die actio de deiectis vel effusis im deutschen Entwurfe, in: JherJ Bd. 30 (1891), S. 226 ff.
Unger, Joseph	Handeln auf eigene Gefahr, zugleich ein Beitrag zur Kritik des deutschen Entwurfes, in: JherJ Bd. 30 (1891), S. 363 ff.
Ubbelohde, August	Wie weit haftet nach gemeinem Recht der Schuldner als solcher für diejenigen Personen, deren er sich zum Zwecke der Erfüllung seiner Verbindlichkeiten bedient? in: ZHR, Band 7 (1864), S. 199 ff.
Unterholzner, Karl August Dominik	Quellenmäßige Zusammenstellung der Lehre des römischen Rechts von den Schuldverhältnissen mit Berücksichtigung der heutigen Anwendung, Zweiter Band, Leipzig, 1840 (zit.: Schuldverhältnisse II)
Vangerow, Karl Adolph von	Lehrbuch der Pandekten, Dritter Band, 7. Auflage, Marburg, 1876 (zit.: Pandekten III)

Voss, Laurenz	Die Verkehrspflichten, Dissertation, Berlin, 2007
Waechter, Carl Georg von	Pandekten, Bd. 2 Besonderer Theil, Leipzig, 1881
Waentig, Heinrich	Über die Haftung für fremde unerlaubte Handlungen nach römischem, gemeinem, königlich sächsischem und neuerem deutschen Reichsrechte, Leipzig, 1875 (zit. Haftung)
Watson, Alan	Law of property in the later roman republic, Oxford, 1968, Nachdruck Aalen 1984
Wenger, Leopold	Institutionen des römischen Zivilprozessrechts, München, 1925 (zit.: Institutionen)
Werner, Olaf	Vorläufiger Rechtsschutz in Umweltsachen, in: Natur und Recht (NuR) 1992, S. 149 – 155
Werr, Joseph	Das Recht des Eigentümers zur Vertiefung seines Grundstücks nach gemeinem Recht und nach dem Bürgerlichen Gesetzbuch, Dissertation, Düren, 1896
Wieacker, Franz	Das bürgerliche Recht im Wandel der Gesellschaftsordnungen, in: Hundert Jahre deutsches Rechtsleben, Festschrift zum 100 jährigen Bestehen des Deutschen Juristentages, Band 2, Karlsruhe, 1960, S. 1 ff. (zit.: Wieacker in FS 100 Jahre Dt. Juristentag)
Wieacker, Franz	Privatrechtsgeschichte der Neuzeit unter besonderer Berücksichtigung der deutschen Entwicklung, 2. Auflage, Göttingen, 1967
Windscheid, Bernhard	Lehrbuch des Pandektenrechts, Band 2, 1. Auflage, Düsseldorf, 1870 (zit. Pandekten II1)
Windscheid, Bernhard	Lehrbuch des Pandektenrechts, Band 2, 9. Auflage, Frankfurt am Main, 1906, Neudruck Aalen, 1963 (zit. Pandekten II9)

Wittmann, Roland

Die Körperverletzung an Freien im klassischen römischen Recht, Dissertation, München, 1972 (zit.: Körperverletzung)

Wyss, Paul Friedrich von

Die Haftung für fremde Culpa nach römischem Recht, Diss., Zürich, 1867 (zit.: Haftung)

Wlassak, Moritz

Römische Processgesetze: ein Beitrag zur Geschichte des Formularverfahrens, Band I, Leipzig, 1888 (zitiert: Prozessgesetze I)

Zekl, Hans Günter (Hrsg.)

Topik: lat. – dt. / Marcus Tullius Cicero, Übersetzung mit einer Einleitung, herausgegeben von Hans Günter Zekl, Hamburg, 1983

Zimmermann, Reinhard

The law of Obligations: Roman foundations of the civilian tradition, Cape Town (Kapstadt, Südafrika), 1992

RECHTSHISTORISCHE REIHE

Band 1 Studien zu den germanischen Volksrechten. Gedächtnisschrift für Wilhelm Ebel. Vorträge gehalten auf dem Fest-Symposion anläßlich des 70. Geburtstages von Wilhelm Ebel am 16. Juni 1978 in Göttingen. Götz Landwehr (Hrsg.) 1982.

Band 2 Hans Poeschel: Die Statuten der Banken, Sparkassen und Kreditgenossenschaften in Hamburg und Altona von 1710 bis 1889. 1978.

Band 3 Thomas Kolbeck: Juristenschwemmen, Untersuchungen über den juristischen Arbeitsmarkt im 19. und 20. Jahrhundert. 1978.

Band 4 Norbert Hempel: Richterleitbilder in der Weimarer Republik. 1978.

Band 5 Rolf Stratmann: Die Scheinbußen im mittelalterlichen Recht. 1978.

Band 6 Martin C. Lockert: Die niedersächsischen Stadtrechte zwischen Aller und Weser. Vorkommen und Verflechtungen. Eine Bestandsaufnahme. 1979.

Band 7 Joachim Rückert/Wolfgang Friedrich: Betriebliche Arbeiterausschüsse in Deutschland, Großbritannien und Frankreich im späten 19. und frühen 20. Jahrhundert. Eine vergleichende Studie zur Entwicklung des kollektiven Arbeitsrechts. 1979.

Band 8 Peter Bender: Die Rezeption des römischen Rechts im Urteil der deutschen Rechtswissenschaft. 1979.

Band 9 Friedrich Karl Alsdorf: Untersuchungen zur Rechtsgestalt und Teilung deutscher Ganerbenburgen. 1980.

Band 10 Dietmar Willoweit/Winfried Schich (Hrsg.): Studien zur Geschichte des sächsisch-magdeburgischen Rechts in Deutschland und Polen (Sammelband). 1980.

Band 11 Brigitte Hempel: Der Entwurf einer Polizeiordnung für das Herzogtum Sachsen-Lauenburg aus dem Jahre 1591. 1980.

Band 12 Klaus-Detlev Godau-Schüttke: Rechtsverwalter des Reiches. Staatssekretär Dr. Curt Joël. 1981.

Band 13 Rainer Polley: Anton Friedrich Justus Thibaut (AD 1772-1840) in seinen Selbstzeugnissen und Briefen. Teil 1: Abhandlung. Teil 2: Briefwechsel. Teil 3: Register zum Briefwechsel. 1982.

Band 14 Michael Wettengel: Der Streit um die Vogtei Kelkheim 1275-1276. Ein kanonischer Prozeß.1981.

Band 15 Otto Wilhelm Krause: Naturrechtler des sechzehnten Jahrhunderts. Ihre Bedeutung für die Entwicklung eines natürlichen Privatrechts. 1982.

Band 16 Helga Spindler: Von der Genossenschaft zur Betriebsgemeinschaft. Kritische Darstellung der Sozialrechtslehre Otto von Gierkes. 1982.

Band 17 Holger Otte: Gustav Radbruchs Kieler Jahre 1919-1926. 1982.

Band 18 Rüdiger Teuner: Die fuldische Ritterschaft 1510-1656. 1982.

Band 19 Gerhard Dilcher/Rudolf Hoke/Gian Savino Pene Vidari/Hans Winterberg (Hrsg.): Grundrechte im 19. Jahrhundert. 1982.

Band 20 Karl-Hans Schloßstein: Die westfälischen Fabrikengerichtsdeputationen - Vorbilder, Werdegang und Scheitern. 1982.

Band 21 Birger Schulz: Der Republikanische Richterbund (1921-1933). 1982.

Band 22 Engelbert Krause: Die gegenseitigen Unterhaltsansprüche zwischen Eltern und Kindern in der deutschen Privatrechtsgeschichte. 1982.

Band 23 Meent W. Francksen: Staatsrat und Gesetzgebung im Großherzogtum Berg (1806-1813). 1982.

Band 48 John Karl-Heinz Montag: Die Lehrdarstellung des Handelsrechts von Georg Friedrich von Martens bis Meno Pöhls. Die Wissenschaft des Handelsrechts im ersten Drittel des 19. Jahrhunderts. 1986.

Band 49 Volker D. Anhäusser: Das internationale Obligationenrecht in der höchstrichterlichen Rechtsprechung des 19. Jahrhunderts. 1986.

Band 50 Udo Beer: Die Juden, das Recht und die Republik. Verbandswesen und Rechtsschutz 1919-1933. 1986.

Band 51 Herbert Grziwotz: Der moderne Verfassungsbegriff und die "Römische Verfassung" in der deutschen Forschung des 19. und 20. Jahrhunderts. 1986.

Band 52 Ralf Conradi: Karl Friedrich Eichhorn als Staatsrechtslehrer. Seine Göttinger Vorlesung über "Das Staatsrecht der deutschen Bundesstaaten" nach einer Kollegmitschrift aus dem Wintersemester 1821/22. 1987.

Band 53 Dieter Dannreuther: Der Zivilprozeß als Gegenstand der Rechtspolitik im Deutschen Reich 1871-1945. Ein Beitrag zur Geschichte des Zivilprozeßrechts in Deutschland. 1987.

Band 54 Stephan Felix Pauly: Organisation, Geschichte und Praxis der Gesetzesauslegung des (Königlich) Preußischen Oberverwaltungsgerichtes 1875-1933. 1987.

Band 55 Rüdiger Schulz: Die Entstehung des Seerechts des Allgemeinen Deutschen Handelsgesetzbuches unter besonderer Berücksichtigung der Bestimmungen über die Reederei, den Schiffer und die Schiffsmannschaft. 1987.

Band 56 Reinhold Reis: Deutsches Privatrecht in den Weistümern der Zenten Schriesheim und Kirchheim. 1987.

Band 57 Jürgen Christoph: Die politischen Reichsamnestien 1918-1933. 1987.

Band 58 Gerhard Oberkofler/Eduard Rabofsky: Hans Kelsen im Kriegseinsatz der k.u.k.-Wehrmacht. Eine kritische Würdigung seiner militärtheoretischen Angebote. 1988.

Band 59 Arne Wulff: Staatssekretär Prof. Dr. Dr. h.c. Franz Schlegelberger. 1876-1970. 1991.

Band 60 Gerhard Köbler (Hrsg.): Wege europäischer Rechtsgeschichte. Karl Kroeschell zum 60. Geburtstag. 1987.

Band 61 Rüdiger Hütte: Der Gemeinschaftsgedanke in den Erbrechtsreformen des Dritten Reichs. 1988.

Band 62 Markus Göldner: Politische Symbole der europäischen Integration. Fahne, Hymne, Hauptstadt, Paß, Briefmarke, Auszeichnungen. 1988.

Band 63 Wolfgang Kröner: Freiheitsstrafe und Strafvollzug in den Herzogtümern Schleswig, Holstein und Lauenburg von 1700 bis 1864. 1988.

Band 64 Werner Gaile: Die Norder Theelacht. 1988.

Band 65 Karl v. Kempis: Andreas Gaill (1526-1587). Zum Leben und Werk eines Juristen der frühen Neuzeit. 1988.

Band 66 Wolf-Rüdiger Osburg: Die Verwaltung Hamburgs in der Franzosenzeit. 1811-1814. 1988.

Band 67 Christian Schudnagies: Hans Frank. Aufstieg und Fall des NS-Juristen und Generalgouverneurs. 1988.

Band 68 Otmar Jung: Senatspräsident Freymuth. Richter, Sozialdemokrat und Pazifist in der Weimarer Republik. Eine politische Biographie. 1989.

Band 69 Joachim Lohner: Das landeshauptmannschaftliche Gericht in Oberösterreich zu Beginn der Neuzeit. Eine Darstellung des oberösterreichischen Prozeßrechts am obersten Territorialgericht des Landes anhand der oberösterreichischen Landtafel. 1989.

Band 70 Bernd Klemann: Rudolf von Jhering und die Historische Rechtsschule. 1989.

Band	71	Adalbert Langer: Männer um die österreichische Zivilprozeßordnung 1895. Zusammenspiel / Soziales Ziel. 1990.

Band 71 Adalbert Langer: Männer um die österreichische Zivilprozeßordnung 1895. Zusammenspiel / Soziales Ziel. 1990.

Band 72 Robert-Dieter Klee: Die Landessuperintendentur Lauenburg. Ursprung und Entwicklung sowie Ende der Sonderstellung des Kirchenkreises Herzogtum Lauenburg durch die nordelbische Kirchenvereinigung. 1989.

Band 73 Heinrich Herrmann: Die Gehöferschaften im Bezirk Trier. 1989.

Band 74 Wilhelm Brauneder, Franz Baltzarek (Hrsg.): Modell einer neuen Wirtschaftsordnung. Wirtschaftsverwaltung in Österreich 1914-1918. 1991.

Band 75 Thomas Dreyer: Die "Assecuranz- und Haverey-Ordnung" der Freien und Hansestadt Hamburg von 1731. 1990.

Band 76 Bernhard Sendler: Die Rechtssprache in den süddeutschen Stadtrechtsreformationen. 1990.

Band 77 Brigitte Lehmann: Ehevereinbarungen im 19. und 20. Jahrhundert. 1990.

Band 78 Michael Sunnus: Der NS-Rechtswahrerbund (1928-1945). Zur Geschichte der nationalsozialistischen Juristenorganisation. 1990.

Band 79 Stefan Schulz: Die historische Entwicklung des Rechts an Bienen. (§§ 961-964 BGB). 1990.

Band 80 Gerhard Lingelbach, Heiner Lück (Hrsg.): Deutsches Recht zwischen Sachsenspiegel und Aufklärung. Rolf Lieberwirth zum 70. Geburtstag dargebracht von Schülern, Freunden und Kollegen, herausgegeben von Gerhard Lingelbach und Heiner Lück. 1991.

Band 81 Manfred Krohn: Die deutsche Justiz im Urteil der Nationalsozialisten 1920-1933. 1991.

Band 82 Angelika Kühn: Privilegierung nationaler Minderheiten im Wahlrecht der Bundesrepublik Deutschland und Schleswig-Holsteins. 1991.

Band 83 Georg Brun: Leben und Werk des Rechtshistorikers Heinrich Mitteis unter besonderer Berücksichtigung seines Verhältnisses zum Nationalsozialismus. 1991.

Band 84 Wolfgang Simon: Claudius Freiherr von Schwerin. Rechtshistoriker während dreier Epochen deutscher Geschichte. 1991.

Band 85 Friedrich-Carl Wachs: Das Verordnungswerk des Reichsdemobilmachungsamtes. Stabilisierender Faktor zu Beginn der Weimarer Republik. 1991.

Band 86 Jens-Uwe Petersen: Die Vorgeschichte und die Entstehung des Mieterschutzgesetzes von 1923 nebst der Anordnung für das Verfahren vor dem Mieteinigungsamt und der Beschwerdestelle. 1991.

Band 87 Ulrike Haibach: Familienrecht in der Rechtssprache. Die historische Entwicklung zentraler Ausdrücke des geltenden Familienrechts. 1991.

Band 88 Joern Christian Nissen: Die Beratungen des Seeversicherungsausschusses der Akademie für Deutsches Recht zu einem neuen Seeversicherungsgesetz (1934-1939). Ein Beitrag zur Entwicklung der allgemeinen Lehren des Seeversicherungsrechts unter besonderer Berücksichtigung des Handelsgesetzbuchs und der Allgemeinen Deutschen Seeversicherungs-Bedingungen 1919. 1991.

Band 89 Diethard Bühler: Die Entstehung der allgemeinen Vertragsschluß-Vorschriften im Allgemeinen Deutschen Handelsgesetzbuch (ADHGB) von 1861. Ein Beitrag zur Kodifikationsgeschichte des Privatrechts im 19. Jahrhundert. 1991.

Band 90 Gerhard Oberkofler: Die Vertreter des Römischen Rechts mit deutscher Unterrichtssprache an der Karls-Universität in Prag. Vom Vormärz bis 1945. 1991.

Band 91 Ulrich Andermann: Ritterliche Gewalt und bürgerliche Selbstbehauptung. Untersuchungen zur Kriminalisierung und Bekämpfung des spätmittelalterlichen Raubrittertums am Beispiel norddeutscher Hansestädte. 1991.

Band 137 Christoph Seiler: Vom Allgemeinen Landrecht zum Bürgerlichen Gesetzbuch. Dargestellt am Beispiel der höchstrichterlichen Judikatur zum kaufrechtlichen Sachmängelgewährleistungsrecht. 1996.

Band 138 Bernd Mayer: Die Vertrauensmännerausschüsse auf den preußischen Steinkohlegruben an der Saar. Entstehung und Wirken. Eine rechtshistorische Untersuchung. 1996.

Band 139 Rochus Scholl: Juden und Judenrecht im Herzogtum Pfalz-Zweibrücken. Ein Beitrag zur Rechtsgeschichte eines deutschen Kleinstaates am Ende des alten Reiches. 1996.

Band 140 Meike Bursch: Judentaufe und frühneuzeitliches Strafrecht. Die Verfahren gegen Christian Treu aus Weener/Ostfriesland 1720-1728. 1996.

Band 141 Markus Hillenbrand: Fürstliche Eheverträge. Gottorfer Hausrecht 1544-1773. 1996.

Band 142 Ulf Häder: Das gemeinschaftliche Oberappellationsgericht thüringischer Staaten in Jena. Ein Beitrag zur Geschichte des Gerichtswesens im 19. Jahrhundert. 1996.

Band 143 Andreas Bauer: Das Gnadenbitten in der Strafrechtspflege des 15. und 16. Jahrhunderts. Dargestellt unter besonderer Berücksichtigung von Quellen der Vorarlberger Gerichtsbezirke Feldkirch und des Hinteren Bregenzerwaldes. 1996.

Band 144 Christian Wirth: Der Jurist Johann Andreas Georg Friedrich Rebmann zwischen Revolution und Restauration. 1996.

Band 145 Stefanie Müller: Die Rechtsprechung des Hanseatischen Oberlandesgerichts zum persönlichen Eherecht in Hamburgischen Gerichtsfällen von 1879-1900. 1996.

Band 146 Jean-Nicolas Morisset: Der Frachtvertrag in der *Ordonnance de la marine* von 1681. 1996.

Band 147 Dirk Lentfer: Die Glogauer Landesprivilegien des Andreas Gryphius von 1653. 1996.

Band 148 Wencke Mull: Die Haftung für Einsturzschäden nach den §§ 836-838 BGB in der Rechtsprechung des Reichsgerichts. 1996.

Band 149 Renate Zelger: Teufelsverträge. Märchen, Sage, Schwank, Legende im Spiegel der Rechtsgeschichte. 1996.

Band 150 Guido Kraß: Das Arrestverfahren in Frankfurt am Main im Spätmittelalter. 1996.

Band 151 F. Benedict Heyn: Die Entwicklung des Eisenbahnfrachtrechts von den Anfängen bis zur Einführung des Allgemeinen Deutschen Handelsgesetzbuches (ADHGB). 1996.

Band 152 Thomas Lang: Die Staats- und Verfassungslehre Carl Salomo Zachariaes. 1996.

Band 153 Michael Hebeis: Karl Anton von Martini (1726-1800). Leben und Werk. 1996.

Band 154 Gerald Hubert: Die Diskussion um die rechtliche Natur der Bizone in den Jahren 1947-1949. 1996.

Band 155 Christof Horn: Die Rechtsprechung des Reichsgerichts in Ehescheidungssachen der Jahre 1900 bis 1905. 1996.

Band 156 Hermann Nehlsen / Georg Brun (Hrsg.): Münchener rechtshistorische Studien zum Nationalsozialismus. 1996.

Band 157 Jan Otto Clemens Kehrberg: Die Entwicklung des Elektrizitätsrechts in Deutschland. Der Weg zum Energiewirtschaftsgesetz von 1935. 1997.

Band 158 Johannes Tradt: Der Religionsprozeß gegen den Zopfschulzen (1791-1799). Ein Beitrag zur protestantischen Lehrpflicht und Lehrzucht in Brandenburg-Preußen gegen Ende des 18. Jahrhunderts. 1997.

Band 159 Dietmar Olsen: Das kaufrechtliche Sachmängelgewährleistungsrecht des Code civil in der Rechtsprechung deutscher Gerichte im 19. Jahrhundert. Ein Beitrag zur Ablösung der Partikularrechte durch das BGB. 1997.

Band 204 Vesta Hoffmann-Steudner: Die Rechtsprechung des Reichsgerichts zu dem Scheidungsgrund des § 49 EheG (EheG 1938) in den Jahren 1938-1945. 1999.

Band 205 Michaela Thiele: Die Auflösung von Arbeitsverhältnissen aufgrund Anfechtung und außerordentlicher Kündigung nach der Rechtsprechung des Reichsarbeitsgerichts (1927-1945). 2000.

Band 206 Peter Landau / Hermann Nehlsen / Mathias Schmoeckel (Hrsg.): Karl von Amira zum Gedächtnis. 1999.

Band 207 Marcus Flinder: Die Entstehungsgeschichte des Zivilgesetzbuches der DDR. 1999.

Band 208 Boris Franz Leo Bromm: Die Entstehungsgeschichte des Berufs des Handelsvertreters. Unter besonderer Berücksichtigung der Sozialgesetzgebung in den Jahren von 1871-1933. 2000.

Band 209 Winfried C. J. Eberstein: Das Tierschutzrecht in Deutschland bis zum Erlaß des Reichs-Tierschutzgesetzes vom 24. November 1933. Unter Berücksichtigung der Entwicklung in England. 1999.

Band 210 Patrick Deller: Der „nach dem Vertrage" vorausgesetzte Gebrauch (§ 459 Absatz 1 Satz 1 BGB). Eine kaufrechtliche Untersuchung unter Berücksichtigung rechtshistorischer wie rechtsvergleichender Grundlagen. 2000.

Band 211 Eckard Freiherr von Bodenhausen: Haftung des Geschäftsherrn für Verrichtungsgehilfen im Straßen- und Schienenverkehr. Eine Analyse der Entscheidungen des Reichsgerichts zu § 831 BGB (1900-1945). 2000.

Band 212 Birte Gast: Der Allgemeine Teil und das Schuldrecht des Bürgerlichen Gesetzbuchs im Urteil von Raymond Saleilles (1855-1912). 2000.

Band 213 Hansjörg Michael Huber: Koloniale Selbstverwaltung in Deutsch-Südwestafrika. Entstehung, Kodifizierung und Umsetzung. 2000.

Band 214 Ulf Björner: Die Verfassungsgerichtsbarkeit im Norddeutschen Bund und Deutschen Reich (1867-1918). Eine rechtshistorische Untersuchung über Gerichtsbarkeit im Spannungsfeld von Politik und Recht innerhalb der von Bismarck geschaffenen deutschen Bundesstaaten. 2000.

Band 215 Mathias Freiherr von Rosenberg: Friedrich Carl von Savigny (1779-1861) im Urteil seiner Zeit. 2000.

Band 216 Reinhard Binder-Krieglstein: Österreichisches Adelsrecht 1868-1918/19. Von der Ausgestaltung des Adelsrechts der cisleithanischen Reichshälfte bis zum Adelsaufhebungsgesetz der Republik unter besonderer Berücksichtigung des adeligen Namensrechts. 2000.

Band 217 Claudia-Regine Nerius: Johannes Lehmann-Hohenberg (1851-1925). Eine Studie zur völkischen Rechts- und Justizkritik im Deutschen Kaiserreich. 2000.

Band 218 Ludger Meuten: Die Erbfolgeordnung des Sachsenspiegels und des Magdeburger Rechts. Ein Beitrag zur Geschichte des sächsisch-magdeburgischen Rechts. 2000.

Band 219 Christoph Alexander von Wilcken: Die Reformbestrebungen zum Genossenschaftsgesetz in der Frühzeit der Bundesrepublik. Die Beratungen der Sachverständigenkommission zur Überprüfung des Genossenschaftsrechts 1954 bis 1958 und der Referentenentwurf von 1962. 2000.

Band 220 Verein Junger RechtshistorikerInnen Zürich (Hrsg.): ¿Rechtsgeschichte(n)? ¿Histoire(s) du droit? ¿Storia/storie del diritto? ¿Legal Histori(es)? Europäisches Forum Junger Rechtshistorikerinnen und Rechtshistoriker Zürich 28.-30. Mai 1999. 2000.

Band 221 Hans Christian Schüler: Die Entstehungsgeschichte der Bundesnotarordnung vom 24. Februar 1961. 2000.

Band 222 Nils-Eberhard Schramm: Die Vereinigung demokratischer Juristen (1949-1999). 2000.

Band 369 Thorsten Miederhoff: *Man erspare es mir, mein Juristenherz auszuschütten*. Dr. iur. Kurt Tucholsky (1890–1935). Sein juristischer Werdegang und seine Auseinandersetzung mit der Weimarer Strafrechtsreformdebatte am Beispiel der Rechtsprechung durch Laienrichter. 2008.

Band 370 Philipp Nordloh: Kölner Zunftprozesse vor dem Reichskammergericht. 2008.

Band 371 Judith Freund: Die Wechselverpflichtung im 19. Jahrhundert. 2008.

Band 372 Hans-Michael Empell: Gutenberg vor Gericht. Der Mainzer Prozess um die erste gedruckte Bibel. 2008.

Band 373 Rainer Schröder: Die DDR-Ziviljustiz im Gespräch – 26 Zeitzeugeninterviews. 2008.

Band 374 Christian Neschwara: Ein österreichischer Jurist im Vormärz. „Selbstbiographische Skizzen" des Freiherrn Karl Josef Pratobevera (1769–1853). 2009.

Band 375 Stefan Ullrich: Untersuchungen zum Einfluss des lübischen Rechts auf die Rechte von Bergen, Stockholm und Visby. 2008.

Band 376 Johanna Gertrude Schmitzberger: Das nationalsozialistische Nebenstrafrecht 1933 bis 1945. 2008.

Band 377 Christian Brom: Urteilsbegründungen im „Hoge Raad van Holland, Zeeland en West-Friesland" am Beispiel des Kaufrechts im Zeitraum 1704–1787. 2008.

Band 378 Christian Böse: Die Entstehung und Fortbildung des Reichserbhofgesetzes. 2008.

Band 379 Tobias Röhnelt: Timm Kröger. Leben und Werk. 2009.

Band 380 Andrea Elisabeth Sebald: Der Kriminalbiologe Franz Exner (1881–1947). Gratwanderung eines Wissenschaftler durch die Zeit des Nationalsozialismus. 2008.

Band 381 Angela Kriebisch: Die Spruchkörper Juristenfakultät und Schöppenstuhl zu Jena. Strukturen, Tätigkeit, Bedeutung und eine Analyse ausgewählter Spruchakten. 2008.

Band 382 Nana Ozawa: Louis Adolphe Bridel – Ein schweizer Professor an der juristischen Fakultät der Tokyo Imperial University. Die geschichtliche Bedeutung der Yatoi zur späten Meijizeit. 2009.

Band 383 Christian Weißhuhn: Alfred Hueck 1889–1975. Sein Leben, sein Wirken, seine Zeit. 2009.

Band 384 Andreas Hunkel: Eduard Dietz (1866–1940) – Richter, Rechtsanwalt und Verfassungsschöpfer. 2009.

Band 385 Meike Guskow: Entstehung und Geschichte der Europäischen Charta der Regional- oder Minderheitensprachen. 2009.

Band 386 Markus J. Jahnel: Das Bodenrecht in „Neudeutschland über See". Erwerb, Vergabe und Nutzung von Land in der Kolonie Deutsch-Südwestafrika 1884–1915. 2009.

Band 387 Matthias Günter Steiner: Die Klöster und ihr Wirken – eine der Wurzeln des Stiftungswesens? 2009.

Band 388 Cornelia Staats: Die Entstehung des Bundes-Immissionsschutzgesetzes vom 15. März 1974. 2009.

Band 389 Cai Niklaas E. Harders: Das Bundesjagdgesetz von 1952 sowie die Novellen von 1961 und 1976. Vorgeschichte, Entstehung des Gesetzes sowie Problemfelder. 2009.

Band 390 Matthias Pohlkamp: Die Entstehung des modernen Wucherrechts und die Wucherrechtsprechung des Reichsgerichts zwischen 1880 und 1933. 2009.

Band 391 Sebastian Baur: *Vor vier Höllenrichtern...* Die Lizentiats- und Doktorpromotionen an der Juristischen Fakultät der Universität Heidelberg. 2009.

Band 392 Christoph Salmen-Everinghoff: Zur *cautio damni infecti*: Die Rückkehr eines römisch-rechtlichen Rechtsinstituts in das moderne Zivilrecht. 2009.

www.peterlang.de

Peter Lang · Internationaler Verlag der Wissenschaften

Werner Schubert / Hans Peter Glöckner (Hrsg.)

Nachschlagewerk des Reichsgerichts

Gesetzgebung des Deutschen Reichs
Band 3: Weimarer Zeit
Verfassungs-, Aufwertungs-, Arbeits-, Miet- und
Pachtnotrecht
Herausgegeben von Werner Schubert und
Hans Peter Glöckner

Frankfurt am Main, Berlin, Bern, Bruxelles, New York, Oxford, Wien, 2007.
637 S., 1 Tab.
Nachschlagewerk des Reichsgerichts.
Herausgegeben von Werner Schubert und Hans Peter Glöckner. Bd. 3
ISBN 978-3-631-53281-4 · geb. € 133.20*

Das Nachschlagewerk des Reichsgerichts gehört zu den grundlegenden Quellen
der deutschen Rechtsprechungsgeschichte des 20. Jahrhunderts. Band 3 der
Edition dokumentiert zunächst die einflussreiche Judikatur zur Weimarer
Reichsverfassung. In dem Recht zur Übergangs- und Nachkriegszeit sind die
Anfänge für die moderne deutsche interventionsstaatliche Gesetzgebung zu
sehen (Rechtsprechung zum Wucher, zur Preistreiberei, zum Kettenhandel und
Geldverkehr). Darüber hinaus war das Kriegsnotrecht Ausgangspunkt für die
Herausbildung zivilrechtlicher Sondergebiete wie Miet- und Pachtschutzrecht.
Die Leitsätze zur Tarifvertragsordnung von 1918 und zum Betriebsrätegesetz
von 1920 erschließen das neue Rechtsgebiet des Arbeitsrechts. Der Band wird
abgeschlossen mit den zahlreichen für die Etablierung der clausula rebus sic
stantibus (Wegfall der Geschäftsgrundlage) grundlegenden Entscheidungen zur
freien Aufwertung.

Aus dem Inhalt: Weimarer Reichsverfassung · Kriegsnot- und Übergangsrecht
der Nachkriegszeit (Wucher, Preistreiberei, Kettenhandel, Geldwesen) · Miet-
und Pachtschutzrecht · Tarifvertragsordnung von 1918 · Betriebsrätegesetz von
1920 · Vergleichsordnung · Aufwertung

Frankfurt am Main · Berlin · Bern · Bruxelles · New York · Oxford · Wien
Auslieferung: Verlag Peter Lang AG
Moosstr. 1, CH-2542 Pieterlen
Telefax 0041(0)32/3761727

*inklusive der in Deutschland gültigen Mehrwertsteuer
Preisänderungen vorbehalten
Homepage http://www.peterlang.de

Printed by
CPI books GmbH, Leck

MIX
Papier | Fördert
gute Waldnutzung
FSC® C083411

Zeitfracht Medien GmbH
Ferdinand-Jühlke-Straße 7
99095 Erfurt, Deutschland
produktsicherheit@kolibri360.de